哈尔滨理工大学制造科学与技术系列专著

曲面拼接模具铣削过程动力学特性及加工误差反演研究

吴　石　杨　琳　李荣义　著

U0302601

科学出版社
北京

内 容 简 介

本书结合理论分析和实验研究，对复杂型面拼接模具铣削过程的动力学特性进行深入分析。首先阐述复杂型面拼接模具加工过程中的铣削力特征，分析模具自由曲面曲率特征、拼接特征对铣削稳定性的影响；其次考虑加工系统的空间动力学特性，建立面向模具加工系统的综合刚度场模型；再次建立拼接模具球头铣削表面形貌模型，进行特征分析和加工误差在机测量技术研究；最后对自由曲面球头铣削加工误差反演进行分析及误差补偿，基于理论研究成果进行系统集成与应用软件开发的研究。

本书可作为金属切削力学和动力学、数控加工技术等相关领域的科研工作者和工程技术人员的参考用书，也可作为高等院校相关专业研究生、高年级本科生及教师的工具书。

图书在版编目（CIP）数据

曲面拼接模具铣削过程动力学特性及加工误差反演研究 / 吴石，杨琳，李荣义著. —北京：科学出版社，2024.10

（哈尔滨理工大学制造科学与技术系列专著）

ISBN 978-7-03-067902-4

Ⅰ. ①曲… Ⅱ. ①吴… ②杨… ③李… Ⅲ. ①曲面－模具－铣削－动力学－研究②曲面－模具－铣削－加工误差－反演－研究 Ⅳ. ①TG54

中国版本图书馆 CIP 数据核字(2021) 第 016565 号

责任编辑：杨慎欣 狄源硕 / 责任校对：何艳萍
责任印制：赵 博 / 封面设计：无极书装

科 学 出 版 社 出版
北京东黄城根北街 16 号
邮政编码：100717
http://www.sciencep.com
中煤（北京）印务有限公司印刷
科学出版社发行 各地新华书店经销
*
2024 年 10 月第 一 版 开本：720×1000 1/16
2025 年 1 月第二次印刷 印张：15
字数：302 000
定价：148.00 元
（如有印装质量问题，我社负责调换）

前　　言

汽车覆盖件模具有型面特征复杂、结构尺寸大、轮廓精度和表面加工质量要求高的特点，其材料主要是 Cr12MoV 和 7CrSiMnMoV 等模具钢，经过热处理后工件硬度达到 50HRC～65HRC，属于典型高强度、高硬度难加工材料。为提高汽车大型覆盖件淬硬钢模具的生产效率，国内汽车模具制造企业均不同程度地引进和应用了铣削加工技术。与磨削加工这一传统工艺相比，铣削加工柔性好、污染小，可作为一般精度要求的最终工艺，大幅提高加工效率，现已成为汽车大型覆盖件模具加工必不可少的工艺技术。为保证汽车外形的美观，对汽车覆盖件的光顺性要求很高，这就使得汽车覆盖件配套冲压凸凹模应具有较高的合模精度，因此，凸凹模具在各自铣削加工时对加工精度和表面加工质量有很高的要求。若模具上有一处型面轮廓精度达不到要求或存在表面加工缺陷，会导致冲压件出现褶皱、凹陷等缺陷，则整套凸凹模具均不能再使用。汽车覆盖件模具是典型的大面积平缓面和陡峭面相结合的自由曲面，目前针对汽车覆盖件模具的铣削加工一般都使用 3 轴或者 3+1 轴数控机床。从汽车覆盖件淬硬钢模具铣削加工后的表面加工质量观察，可以发现经常出现凹坑、麻点和表面振纹等加工缺陷，导致加工表面品质达不到要求，而出现这种情况的主要原因就是铣削过程中发生的颤振现象。

国内汽车覆盖件模具制造厂家一般只能对生产面型精度要求不高的低档车外覆盖件模具或汽车内覆盖件模具进行加工，而且在模具铣削加工后还要进行较长时间的人工磨抛，其时间一般需要 3 周以上，模具最终尺寸精度和表面质量靠大量的钳工修磨研配来保证，生产效率极低。目前，国内加工高档汽车覆盖件模具的技术尚不成熟，汽车覆盖件模具的生产周期大概 5～8 个月。由于国内高端汽车模具制造企业不能完全发挥机床使用性能、工艺优化能力差以及技术创新不足等原因，高端汽车模具仍然有很大一部分依赖进口。为了满足国内汽车产业的配套需求，国内高端汽车模具的开发制造能力亟待提高。

汽车覆盖件淬硬钢模具工件材料硬度高，铣削加工系统相对而言为柔性系统，且铣削过程中铣削力变化大，因此易发生颤振，尤其在陡峭面、拐角等特殊型面铣削时颤振最为严重，这是模具表面品质恶化的主要原因之一。汽车模具制造企业一般对加工工艺系统动态性能了解不够，无法有效地控制颤振，导致工件加工表面恶化。一些企业为了避免切削颤振发生，通常以牺牲加工效率为代价，选择保守的切削参数，导致数控加工设备性能得不到充分发挥。铣削过程中的颤振既与数控机床-刀具-工件系统动力学特性密切相关，还与铣削加工动态过程有着较大联系，其发生机理、影响因素、规律特征、控制方法一直是国内外学者研究和关注的重要课题。要有效控制铣削颤振，需在明确机床-刀柄-刀具系统动力学特性的基础之上，合理设定加工工艺参数。

从数控加工系统整体角度分析，汽车覆盖件模具轮廓尺寸大，其数控加工设备各运动轴行程范围较大，当机床处于不同加工位置工况时机床的结构特征发生变化，会引起加工工艺系统动态参数的变化，导致工艺系统的切削稳定性改变。因此，汽车模具数控加工工艺系统的动力学特性分析、加工行程区域内系统动力学特性的变化规律研究、铣削加工工艺参数的合理选用可为实现稳定铣削加工奠定基础。从数控加工系统关键部件角度分析，主轴系统在数控加工设备中直接参与铣削汽车覆盖件模具，其动力学特性直接影响着模具的切削稳定性和表面加工质量。

针对现存问题，本书对模具数控加工工艺系统的动力学特性和切削参数进行反演控制，旨在为汽车覆盖件淬硬钢模具稳定无颤振铣削加工提供理论依据与支撑。本书的研究工作有利于提高汽车模具表面加工质量和加工效率，对提高汽车覆盖件模具制造水平具有重要的理论价值和实践意义。

本书共 9 章，由吴石、杨琳和李荣义共同撰写，具体分工如下：吴石撰写第 1、3、5、8、9 章，杨琳撰写第 2、4、7 章，李荣义撰写第 6 章。

本书相关研究工作得到国家自然科学基金面上项目"复杂型面拼接模具铣削过程动力学及加工误差反演研究"（51675146）和国家自然科学基金重点项目"轿车覆盖件用大型淬硬钢模具高品质加工技术基础及应用"（51235003）的资助。特此向支持和关心作者研究工作的所有人员表示衷心的感谢。特别感谢教育、支持、帮助作者多年的导师刘献礼教授，以及对本书写作提供大力支持的课题组成员和合作企业相关技术人员。书中有部分内容参考了相关单位或个人的研究成果，均在参考文献中列出，在此一并感谢！

　　本书旨在阐述和介绍曲面拼接模具铣削过程动力学特性及加工误差反演的一些进展，希望能够提供一些具有借鉴和应用价值的思路和方法，使读者有所启发。随着先进制造理论和方法的快速发展，外覆盖件模具的加工技术持续更新，这为本书的撰写增添了难度，加之作者水平有限，虽几经修改，书中不妥之处在所难免，欢迎广大读者不吝赐教。

吴　石

2023 年 6 月 30 日于哈尔滨

目　录

第1章 绪 论

1.1 复杂型面拼接模具铣削过程动力学研究的目的和意义

随着汽车工业的飞速发展以及居民生活水平的提高,汽车逐渐进入个人家庭,成为人们生活中必不可少的出行工具。2023 年,中国汽车年产量与销量分别达3016.1 万辆和 3009.4 万辆,连续十五年蝉联全球第一汽车产销国。随着人们对汽车外形和性能的要求越来越高,汽车造型变化、更新换代频繁,汽车覆盖件模具设计及其制造工艺变得尤为重要。每一台汽车所需的覆盖件模具至少有五百套,升级后的改款车型,需要替换近一半的覆盖件模具,而升级后的新款车型,则需更换几乎所有的模具,某汽车主体结构及覆盖件如图 1-1 所示。进入 21 世纪以来,电子信息技术的先进制造技术原理及方法不断完善,出现了许多新的加工工艺,然而在生产实际中高效且广泛应用的零件材料去除工艺方法 90%以上还是切削和磨削加工,因此,汽车覆盖件模具加工效率不高、制造周期较长的问题亟待解决。

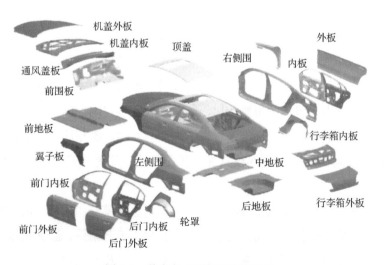

图 1-1 某汽车主体结构及覆盖件

　　汽车覆盖件模具的设计和加工生产是汽车制造中的重要环节，自由曲面因其具有特殊的功能特性及美观性和艺术性，越来越受到汽车制造业企业的青睐。可是自由曲面模具型面设计复杂、自由曲面多变，导致模具制造周期长，严重制约了汽车的制造周期，增加了生产制造成本。与一般零件模具相比，汽车覆盖件模具的材料硬度大、韧性高、耐磨性优良，例如 7CrSiMnMoV 钢，其淬火硬度可达62HRC～64HRC。在结构上汽车覆盖件模具的体积大、型面复杂、加工精度要求高，其典型型面特征如图 1-2 所示。

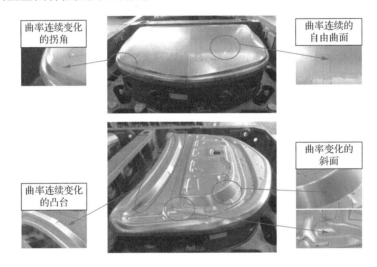

曲率连续变化的拐角

曲率连续的自由曲面

曲率变化的斜面

曲率连续变化的凸台

图 1-2　汽车覆盖件模具典型型面特征

　　随着数控技术、高速切削技术及硬切削技术的发展，成形铣削技术可以满足曲面模具在精加工中对尺寸、位置精度和加工表面质量的高要求，降低磨削或抛光的时间，缩短制造周期。我国汽车覆盖件模具约占全国模具产业三分之一的份额，与发达国家占一多半的份额相比，还有很大发展空间。同时，在模具设计、制造水平、生产效率、加工标准及管理等方面与发达国家相比仍存在较大差距，国内急需开发高档汽车覆盖件模具加工工艺技术，并提高刀具使用寿命和切削效率。

　　模具工业是汽车制造业发展的基础，汽车覆盖件模具加工品质的影响因素较多，包括模具的型面特征、切削刀具的性能、加工工艺条件、工艺系统稳定性和加工效率等，如图 1-3 所示，各因素之间相互联系、相互制约，共同影响着汽车覆盖件模具加工技术的发展。覆盖件淬硬钢模具除最突出的高硬度特点以外，其型面结构复杂多变、曲率变化频繁，导致轴向铣削深度、铣削宽度瞬时变化，刀具切削过程中的载荷处于不稳定的状态，这是切削自由曲面模具时，刀工接触关系所特有的变化特性。刀工接触关系和刀具载荷不稳定、变形、振动大等因素，使得模具型面加工精度问题突出。通过切削手册和切削参数数据库优选出切削参数这种传统的办法对于加工自由曲面淬硬钢模具已不再适用。

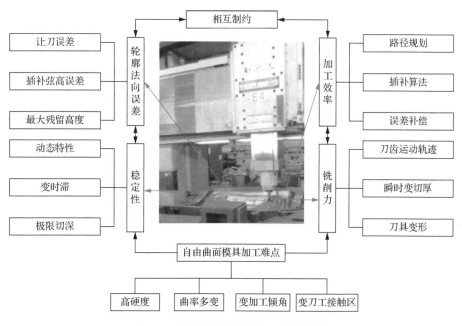

图 1-3 汽车覆盖件模具加工影响因素

以汽车覆盖件模具（50HRC～60HRC）为对象开展研究，建立球头刀铣削自由曲面加工过程模型。以考虑自由曲面曲率、刀具倾角和刀齿三维摆线轨迹等加工特征的刀工接触区域、切削力、铣削动力学和刀具变形等切削过程物理量为分析对象，以自由曲面淬硬钢模具不同区域的加工误差为控制目标，最终提供过程集成化的工艺优化方案。淬硬钢模具铣削工艺规划可以为汽车覆盖件模具设计、制造提供理论指导，为汽车制造企业实际生产加工覆盖件模具提出理论指导意见。

研究自由曲面曲率、刀具路径、刀具倾角和刀具变形等加工特征对淬硬钢模具加工过程切削力、稳定性、加工表面形貌和误差的影响规律，获得高效、稳定切削过程及高精度轮廓表面的控制方法，对实现高精度、高效率、高质量、低成本的加工自由曲面模具，提高我国汽车覆盖件模具的制造技术水平，保证模具铣削加工的经济效益和社会效益，提升模具企业的竞争力具有一定的现实意义。

1.2　国内外研究现状及分析

1.2.1　自由曲面淬硬钢模具铣削力建模与仿真研究现状

目前，铣削力预测方法大致可以划分为经验法、解析法、机械模型法、有限元法和基于人工智能的铣削力建模方法。

（1）经验法指的是针对不同的刀具材料和几何参数，基于大量的实验数据进行回归分析，从而得到描述铣削力与各个切削参数之间关系的经验公式。该方法虽然具有一定精度，但由于实际加工情况复杂多变，其过于依赖实验量的累积，这一特点也在很大程度上限制了铣削力的预测精度。

（2）解析法指的是以金属切削加工理论为依据分析铣削力与各个因素之间的联系。Tsai 等[1]分析了切削加工中铣削力与前角、瞬时切削厚度、切削速度、剪切面积和流屑角的关系，计算单位时间切削过程中的剪切能和摩擦能，并基于最小能量法构建了铣削力预测模型。李水进等[2]基于球头铣削过程中能量不变的原理，运用能量法获取球头铣削的铣削力模型，这个模型不仅精度较高而且具有较好的鲁棒性。采用解析法预测铣削力通常需要进行大量的计算，在复杂的切削过程中能考虑切削性能的因素极为有限，因而其预测精度较低。

（3）机械模型法指的是基于铣削过程的运动特性，依靠实验与曲线拟合所获得的切削力系数，建立包含以切削参数为变量的切削力模型。切削力模型分为集中剪切力模型与双重效应切削力模型，双重效应切削力模型将后刀面与工件表面摩擦形成的犁耕力和切削过程中剪切力分别进行考虑。对于球头铣刀铣削力的建模通常隶属于双重效应切削力模型。关于球头铣刀铣削力模型的构建可以追溯到1941 年，Martellotti[3-4]基于剪切面理论对铣削运动进行分析，提出不同加工方式（顺、逆铣削）情况下刀具加工路径和铣削厚度计算公式，对后来铣削力预测相关研究起到了深远的影响。Koenigsberger 等[5]确立了铣削加工力学模型的基本形式，铣削力预测仅依赖于瞬时切削厚度和某些常量系数。

Lee 等[6]结合球头铣刀几何特征,将切削刃沿轴线方向离散为无数个微小的单元,将铣削力的大小与瞬时切削宽度和切削刃微元弧长直接关联,如图 1-4 所示。

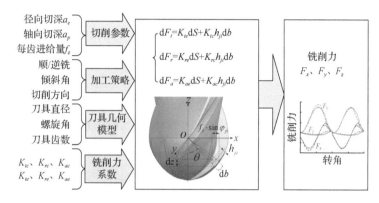

径向切深a_e
轴向切深a_p
每齿进给量f_z → 切削参数

顺/逆铣
倾斜角
切削方向 → 加工策略

刀具直径
螺旋角
刀具齿数 → 刀具几何模型

K_{tc}、K_{rc}、K_{ac}
K_{te}、K_{re}、K_{ae} → 铣削力系数

$$dF_t = K_{te}dS + K_{tc}h_{ji}db$$
$$dF_r = K_{re}dS + K_{rc}h_{ji}db$$
$$dF_a = K_{ae}dS + K_{ac}h_{ji}db$$

铣削力 F_x、F_y、F_z

铣削力 / 转角

图 1-4 球头铣刀铣削力建模

Tai 等[7-8]将铣刀切削刃刃线视作一个倾斜平面与半球面的交线,通过运用坐标变换矩阵得到切削刃空间位置描述,进而得到球头铣刀切削刃刃线的几何方程。Feng 等[9-10]基于球头铣刀刃线的近似方程建立了考虑球头铣刀偏心因素、考虑刀具的加工倾角因素的铣削力仿真模型。

国内方面,倪其民等[11-12]提出了利用三轴机床进行球头铣削的复杂曲面铣削力仿真算法,这种方法运用实体造型技术建立切削力与切削厚度之间的经验关系,然后利用数值积分方法构筑球头铣刀三分量铣削力模型。隋秀凛等[13]考虑刀具受力变形与切削振动对铣削力变化的影响,建立任意进给方向下的球头铣削柔性铣削力预测模型。魏兆成等[14]基于微分思想,提出刀具进给方向任意化的球头铣刀曲面加工新方法。曹清园[15]研究了考虑工件型面曲率半径和刀具变形的球头铣刀铣削自由曲面铣削力建模。

如图 1-5 所示,瞬时切削厚度是铣削力预测模型中极为重要的参数变量,它联系着切削加工条件与铣削力微元。Martellotti[3]首先提出铣削过程中刀具运动轨迹为摆线,后来 Armarego 等[16]以圆平移轨迹法为基础近似描述铣削过程中的瞬时切削厚度。Kumanchik 等[17]提出的切削厚度解析表达式考虑了刀齿间距这一影响因素所导致的误差。国内学者也在一定程度上推进了针对瞬时切削厚度的研究,姚运萍等[18]提出考虑刀具偏心与变形两个影响因素的瞬时切削厚度模型。

如图 1-6 所示,汽车模具复杂型面铣削过程中,刀具进给方向的变化和刀具-工件接触区域的变化导致了铣削状态不断改变。

图 1-5　刀具瞬时变形与延滞变形对瞬时切屑厚度的影响

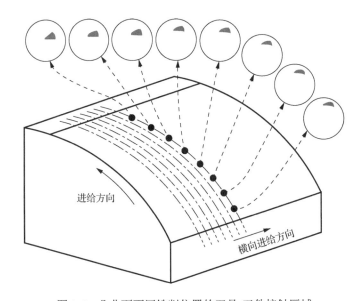

图 1-6　凸曲面不同铣削位置的刀具-工件接触区域

刀具-工件接触区域的准确表达是机械模型法建模的关键,常见的分析方法有几何分析法、基于实体模型布尔运算法和 Z-Map 离散法。Ozturk 等[19]分别针对顺铣和逆铣两种情况进行研究,并根据切入角、切出角以及切削接触极限边界得到刀具-工件在五轴数控加工情况下的接触区域。实体模型布尔运算法指通过运用布尔运算求出实体造型环境下刀具与工件在加工过程中在空间重叠的区域[20],采用 Z-buffer 方法对加工工件进行集合描述[21],从而提取刀具-工件接触区域。Z-Map

离散法指将工件和刀具分别进行离散，运用离散网格点 Z 向高度数值描述三维曲面和刀具，识别刀具切削刃离散单元是否处于刀具-工件接触区域，张臣等[22]基于 Z-Map 离散法，分别考虑刀具偏心和刀具受力变形构筑铣削力的模型。

铣削力系数辨识对于铣削力预测极为重要，它与刀具几何参数、切削参数的设定以及被加工材料自身特性密切相关。常用的铣削力系数辨识方法有两种：其一是固定铣削深度和切入角、切出角，通过调整每齿进给量的槽切实验测得一系列铣削力并取平均值，然后通过线性回归方法等计算得到铣削力系数。经过验证，平均铣削力系数模型的精度能够满足大多数数控铣削加工的要求，现在被广泛应用[23]。其二是正交切削向斜角切削进行转换的方法[6,24]，利用经典的斜角转换公式计算剪切系数，将剪切系数外推至切削厚度为零时得到犁耕系数。

（4）有限元法在模拟金属切削过程方面扮演日趋重要的角色，在汽车模具铣削加工中更是得到了广泛的应用。汽车模具铣削有限元仿真如图 1-7 所示。Saffar 等[25]建立刀具的实体模型并模拟铣削力及刀具变形；Gonzalo 等[26]建立两切削刃刀具模型，利用有限元法分析铣削过程的切削力变化。

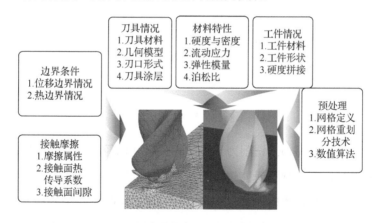

图 1-7　汽车模具铣削有限元仿真

国内方面，王聪康等[27]运用 ABAQUS 软件模拟铣削过程；黄志刚等[28]基于切削加工的热-弹塑性有限元技术建立了热力耦合模型并进行切削仿真，通过对比切削力预测值与实验测定值验证其模型的准确性。

（5）基于人工智能的铣削力建模方法大致分为两种：神经网络法（图 1-8）与模糊灰色理论法。

Alique 等[29]通过铣削力神经网络预测模型对加工过程中平均切削力进行在线预测。Ratchev 等[30]为预测复杂薄壁件的切削力，将遗传算法运用到神经网络方法中，研究了薄壁零件在数控加工过程中的控制变形问题。Zheng 等[31]利用粒子群优化算法建立了基于误差逆传播（back propagation，BP）神经网络的铣削力模型，但该预测方法效率偏低。模糊逻辑控制技术可以对动态切削过程进行实时监控，在线调整进给量的大小，达到保持恒定切削力大小的目的，这样可以抑制颤振、减小刀具磨损和提高加工表面精度。王刚等[32]基于粒子群优化方法的模糊控制系统，建立了动态切削力模型，模型中以切削参数作为模糊控制系统的输入，以铣削力作为模糊控制系统的输出。

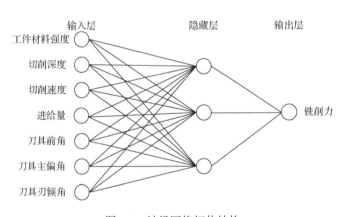

图 1-8　神经网络拓扑结构

目前，虽然平直面加工铣削力预测的相关研究已经比较完善，但是关于自由曲面加工的瞬时铣削力预测研究较少，特别是切削过程中非线性振动特性对加工质量的影响评价鲜有相关研究。因此，探究复杂型面曲率如何变化对刀具-工件切削接触区域产生影响，瞬态切屑厚度如何随型面曲率变化而变化的问题对于覆盖件模具复杂型面铣削力预测极具意义。

1.2.2　自由曲面铣削稳定性及颤振预测研究现状

在铣削力与刀具振动之间的关系研究方面，由于非线性动力学模型在建模和求解时过于复杂，所以广泛采用线性动力学模型。Smith 等[33]综合分析了瞬时刚度模型、平均刚度模型、静挠度模型、再生效应动态切厚模型等一系列铣削模型，建立了一个基于弹性质量阻尼的等效系统,三自由度球头铣削动力学系统如图 1-9 所示。

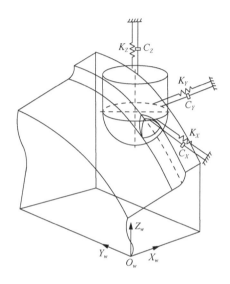

图 1-9 三自由度球头铣削动力学系统

大部分关于球头铣削过程的动力学建模都以此等效系统模型为基础来进行研究，该动力学模型如下：

$$M_X x''(t) + C_X x'(t) + K_X x(t) = F_X(t)$$
$$M_Y y''(t) + C_Y y'(t) + K_Y y(t) = F_Y(t) \qquad (1\text{-}1)$$
$$M_Z z''(t) + C_Z z'(t) + K_Z z(t) = F_Z(t)$$

式中，x、y、z 为刀具振动信息，具体包括：刀具与工件系统在 X、Y 和 Z 方向上的振动加速度 $x''(t)$、$y''(t)$、$z''(t)$，刀具与工件系统在 X、Y 和 Z 方向上的振动速度 $x'(t)$、$y'(t)$、$z'(t)$，刀具与工件系统在 X、Y 和 Z 方向上的振动位移 $x(t)$、$y(t)$ 和 $z(t)$，系统在 X、Y 和 Z 方向上的振型主质量 M_X、M_Y、M_Z，即模态质量，以及模态阻尼 C_X、C_Y、C_Z 和模态刚度 K_X、K_Y、K_Z。同时，为了降低刀具与刀柄配合使用的模态测试频次，Schmitz 等[34]提出了子结构响应耦合分析（receptance coupling substructure analysis）方法，已被广泛推广使用。

国内外学者对曲面球头铣削动力学进行了大量的研究。由于模具铣削只需考虑刀具系统振动，由此认为加工表面残留波纹是由切削力激励引起刀具振动而产生的，工作刀齿切削前一刀齿切削形成的波纹，如此往复下去导致工件加工表面内外都出现波纹，其中，内表面产生的波纹是由当前工作刀齿切削时的刀具振动产生的，即内调制，外表面产生的波纹是由上一刀齿切削形成的，即外调制，如图 1-10 所示。

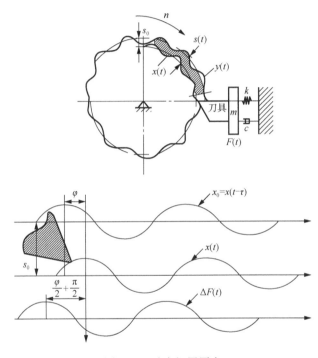

图 1-10　动态切屑厚度

动态切屑厚度可表示为

$$h\left(\varphi_j\right) = f_i \sin \varphi_j + (x(t) - x(t - \tau)) \sin \varphi_j \qquad (1-2)$$

式中，$x(t)$、$y(t)=x(t-\tau)$ 分别为当前刀齿和前一刀齿切削时因刀具振动所产生的动态位移，时滞 τ 为前后切削表面形成的时间间隔，理想条件下近似等于刀齿切削周期。但多齿刀具铣削加工中，由于安装误差不可避免，以及不等齿距分布的铣刀都会产生多时滞效应，多时滞为随刀刃回转角度而变化的时间间隔，导致铣削稳定性区域产生平移，因而，多时滞效应逐步成为铣削稳定性的研究重点[35]。

无论是时滞铣削动力学系统,还是变时滞铣削动力学系统,稳定性分析的主要目的都是获得稳定切削的极限切削深度。国内外学者对铣削稳定性分析主要有两种方法,即颤振模型的求解法和实验法。其中,颤振模型的求解法主要有数值法、频域法和离散法[36]。

1. 数值法

铣削动力学的径向切削深度直接影响稳定域判别方法,最早利用时域数值法来评判铣削稳定性,该方法可用于预测稳定域。Tlusty 等[37]对加工过程中的颤振进行了分析,考虑刀具-工件分离的非线性关系进行了时域仿真,获取了铣削稳定域,并在实验中进行了验证,同时,Tlusty[38]根据时域仿真结果,给出了常数峰值力的稳定切削边界。Smith 等[39]研究了切削系统的状态转移矩阵,构建了铣削颤振再生过程模型及铣削过程稳定性模型。Davies 等[40-41]采用离散映射法,给出了判别断续切削加工稳定性的预测模型,可对小径向铣削深度加工中倍周期分岔进行预报。Campomanes 等[42]利用改进的铣削时域模型,提出了以动态切屑厚度与名义静态切屑厚度的比值作为颤振发生的判据。Li 等[43]采用龙格-库塔(Runge-Kutta)法分析了铣削时域稳定性。可见,数值法可综合分析各类因素对切削中刀具振动的响应,但数值法的弊端是运算量大,一些变量之间的关系不容易确定。

2. 频域法

频域法是将颤振模型中的时滞微分方程组通过傅里叶变换为频域模型,基于控制理论,解析计算铣削稳定性判定边界条件。Budak 等[44]提出了一种新的铣削颤振稳定性分析方法,即零阶求解法,建立了基于再生效应的两自由度铣削颤振模型,其稳定性分析可以得到铣削颤振极限阈值。由此,将刀具和工件建模为多自由度结构,建立了动态铣削系统的一般表达式。此模型所用到的计算条件较少,同时计算效率快,但由于过于简化,此方法不能预报小径向切削深度时出现的成整数倍周期间隔,精度较低。针对这一问题,Merdol 等[45]采用多频法,给出了考虑定向因子的高次谐波的颤振模型,但在解算模型时需要对提取的颤振频率进行迭代;Bachrathy 等[46]根据多频法进行铣刀结构稳定性分析,利用扩展多频法和多维二分法提高了运算速度，并以此建立了刀具通用稳定域模型，此模型在频响函数质量不高时也可获得稳定的预报。

3. 离散法

Altintas 等[47]在 Minis 等[48]的研究基础上对断续切削过程稳定性进行了预测，依据多频法，采用周期切削力系数的傅里叶展开形式来预报稳定域。这种对周期系数求平均值的方法即是当前广泛使用的零阶近似（zeroth-order approximation，ZOA）法，但零阶近似法的不足在于无法对小径向切削深度的稳定域进行预测，如图 1-11 所示。由图可知，切削宽度与刀具直径比例减小时，稳定域预测结果出现了偏差，这是由于颤振稳定性解析算法把高阶项都做了平均值处理，导致没有铣削方向的系数变化，而铣削深度可近似看成周期性的脉冲激励，高频信号起重要的作用，导致实际切削过程稳定性边界与预测结果出现偏差。

上述三种颤振模型的求解方法各有优势，比如数值法考虑了各种铣削振动的影响因素，但该方法的计算效率相对频域法和离散法较低。由此，Bayly 等[49]优化了 Davies 等[40-41]的求解方法，基于时间有限元建立了半解析方法，具体是将切入过程做离散化处理，以便准确、快速对径向切削深度较小时的稳定性边界进行预测，但是该方法的缺点是实用性有待提高，计算复杂、效率不高[50-51]。2002 年匈牙利学者 Insperger 等[52]提出了线性时滞系统稳定性分析的数值方法，将时滞系统进行半离散化处理，但该方法仅适用于连续切削系统，2004 年 Insperger 等[53]对 Bayly 的模型进行了再次改进，针对不同的时间周期/时滞比，构造了稳定性叶瓣图。半离散法（semi-discrete method，SDM）广泛应用的原因在于它在数学上的严格解算，可以进行多次改进以适用不同情况[54-58]。但是，SDM 仍然有不足，其局限性在于经典的二阶周期时滞微分动力学方程在常规上没有解，SDM 将时滞项和系数项进行离散化处理，划分为若干个常微分方程来逼近原来的方程，同时要保持误差的收敛性，当离散数越多时，计算精度越高，但计算效率降低。SDM 在保证精度条件下其计算效率较低，难以达到实用化标准。另外，在参数域平面内网格划分程度越高，计算效率也越低。近年来，Ding 等[59-60]提出了基于分格式的解法（全离散法以及数值积分方法），分格式解法打破了微分方程差分化的思想，使得稳定域的计算精度和计算效率都得到了提高。

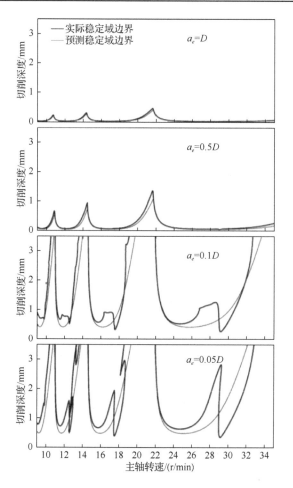

图 1-11　ZOA 法的局限性

综合分析全离散法与半离散法，二者主要差别包括：

（1）半离散法仅对延迟项进行离散化处理，而全离散法对状态项和延迟项均进行离散化处理，且全离散法是通过线性插值方法来处理的。

（2）半离散法的周期方向系数通过较小时间段求平均值获得，而全离散法的周期方向系数则通过对时间段的边界值进行插补得到。

（3）通过两种方法获得铣削稳定性叶瓣图，半离散法需要对主轴转速和切削深度循环计算其数学传递矩阵，而全离散法则只针对主轴转速这一参数进行单循环解算。可见，全离散法相比半离散法提高了效率，并可获得与半离散法相同的计算精度。

综合上述分析，目前全离散法较适用于小径向切削深度的侧铣切削的稳定性分析。基于此方法，针对柔性工件或曲面工件的铣削过程，一些学者考虑了变时滞的稳定分析，提高了稳定域预测的精度[61]。但是，自由曲面模具球头铣削中，由曲面曲率引起的未变形切屑厚度改变而导致的变时滞动力学问题还鲜有学者进行深入的研究。

1.2.3　加工工艺系统综合刚度场研究现状

随着汽车行业高速发展，汽车覆盖件制造企业对复杂曲面模具加工精度要求不断提高。多轴加工系统相对传统的三轴加工系统而言，更便于复杂曲面的加工。但同时也带来了一定问题，其刀具的空间位姿的求解难度上升。刀具位姿的不断变化令加工系统综合刚度性能也随之改变。多轴加工系统的关节、柔性运动轴、刀具-刀柄及刀柄-主轴结合面等结构刚度值较低。因此，在加工过程中，这些部位会存在部分变形。这些变形在一定程度上导致刀位点产生位移，从而引起加工误差的产生。

由此可见，加工系统综合刚度性能的变化会影响汽车模具复杂曲面的表面质量，而表面质量的高低又直接影响被加工工件的耐磨性、耐蚀性及抗疲劳破损能力等。而且，针对某些加工精度有严格要求的情况，工艺系统刚度对工件加工表面质量影响显著。所以，对刀具位姿影响下的加工系统刚度场建模及分析就显得尤为重要。国内外学者在多体系统综合刚度建模与分析方面进行了积极的探索。图 1-12 为机床不同刀轴转角下加工系统刚度性能云图。

Kim 等[62]研究了多体系统在工作空间中的刚度矩阵，并分析其应该具备的条件，在无量纲下优化了系统的刚度性能指标。Song 等[63]针对加工轨迹的优化，将多轴数控机床的加工精度要求与刚度特性进行了综合考虑。Corless 等[64]针对保持加工稳定性的问题，在控制器控制算法中加入了机床运动关节的刚度与变形模型。张华等[65]以平面三自由度并联机构的龙门式混联机床为研究对象，根据微分误差模型建立了机床刚度矩阵，讨论了铰链刚度对机床刚度的影响。孙永平等[66]建立了立式镗铣机床静刚度预测实体模型，研究了机床工作空间位置刚度随工作空间变化规律。闫蓉等[67]等建立了多轴加工系统闭链刚度场模型，并以七轴五联动机床为例进行了刚度性能分析。

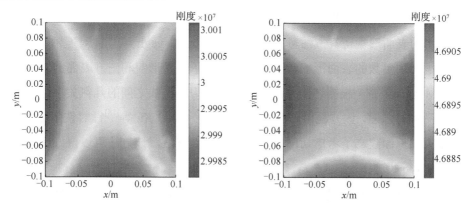

图 1-12　机床不同刀轴转角下加工系统刚度性能云图

目前的研究通常只考虑了机床各部分部件的刚度性能，然后构建链式综合刚度场模型，但对于汽车覆盖件模具型面曲率多变的特点，需要将工件自身的刚度性能以及刀具的刚度性能综合考虑并进行深入分析。

1.2.4　铣削表面形貌数值仿真与评价研究现状

表面形貌主要是由刀具自身结构以及外界因素共同作用在工件表面形成的凹坑或凸起构成。Omar 等[68]提出了一种改进的计算瞬时切屑厚度的方法，考虑了刀具跳动、刀具偏转和刀具磨损，建立了端面铣刀铣削表面形貌模型。Quinsat 等[69]以自由曲面三轴切削加工为出发点，结合实际案例分析了切削加工工艺及策略对表面微观形貌的影响。Chiou 等[70]通过考虑工件和刀具几何形状构造了加工势场，可以快速找到合适的切削宽度和加工方向，比传统路径下切削的效率高。Chen 等[71]对铣削加工形成的表面扇贝模型进行了仿真，分析了切削参数对它的影响，获得了表面质量最优的加工倾角。Zhang 等[72-73]针对刀具磨损建立了一种磨损补偿的表面形貌仿真模型，该模型还考虑了在线仿真的功能，然后基于离散切削刃和工件求相交点的最小值，根据切削过程中位置角的变化，确定了有效切削的刃线长度，提高了表面形貌的仿真效率。Peng 等[74]研究了微细铣削的表面形貌，建立了一种考虑纹理相位角的切削轨迹方程，通过控制纹理相位角来提高加工的表面质量。Yang 等[75]针对自由曲面的特征建立了一种考虑加工倾角、每齿进给量的表面形貌仿真方法，基于非均匀有理 B 样条（non-uniform rational B-splines, NURBS）曲面技术的表面形貌仿真方法可以提高仿真精度。Layegh 等[76]针对五轴铣削，提出了考虑切削参数的表面形貌仿真模型，预测了表面形貌和三维表面的算术平均偏差。Mizugaki 等[77]根据切削刃的运动情况和刃点法线之间的几何关系建立了一种残留高度的方程，该方程可以对表面轮廓进行预测。Xu 等[78]针对铣削加工，基于切削刃扫掠面建立了考虑切削参数影响的仿真方法，该方法可以很好地预测切削加工的表面形貌。

赵厚伟等[79-80]根据刀具运动的坐标变化关系推导出了刀具刃线上任意一点的轨迹方程，还构建了一种新的粗糙度模型，并且分析了多因素对实际加工质量的影响。梁鑫光等[81]将五轴加工中切削力产生的振动位移分解到运动轨迹方程中，形成了考虑动态位移的仿真模型。

郑溢[82]建立了考虑刀具热变形、刀具磨损和刀具振动补偿的切削刃运动轨迹方程，并通过 MATLAB 和 C++联合编程进行了切削刃运动轨迹仿真。Buj-Corral 等[83]研究了径向铣削深度和每齿进给量对表面形貌的影响。Lotfi 等[84]基于刀具加工路径和刀刃点相对于被切削件的切削轨迹建立了一种数值仿真分析方法，用该方法分析刀具和被加工件的接触区域并分析切削参数对表面形貌的影响。总之，基于 NURBS 的曲面技术通过调整控制点来重构表面形貌，提高了仿真的效率和精度。

在刀具实际切削工件的过程中，由于刀齿之间有相间角度，刀具与被切件之间不是一直保持接触的关系，这样就造成了刀具运转的不平衡性，此时会产生振动[85]。相对于传统切削加工，淬硬钢制成的模具高转速加工时需用平稳的加工载荷以削减振动，最大力度地削弱刀具破坏，提升被切件的加工质量。另外，拼接件在拼缝处会出现突变的冲击载荷，这种冲击会对表面质量造成严重的影响。所以振动所带来的危害不能小视，一方面可以从改善加工刀具本身来减小危害[86-87]，另一方面可以从切削规划来减小危害。

在高速铣削过程稳定性方面，Jiang 等[88]研究了高速铣削过程中刀具振动和磨损对表面形貌的影响，主要分析了安装刀具时产生的误差、刀具损耗、振动与变形等对表面形貌的影响，并建立了三维仿真模型，研究发现主轴的振动是影响残

留高度的主要因素，刀具磨损对机械加工表面质量的影响比刀具振动更大。Peng
等[89]研究了微细加工过程中振动对表面形貌的影响，并仿真研究了振动幅值和每
齿进给量对二维轮廓和三维表面形貌的影响。Arizmendi 等[90]研究了立铣刀铣削
过程中振动对表面形貌的影响，将切削路径方程中的振动沿进给方向进行离散，
通过表面形貌仿真精确地预测了粗糙度值和形态误差。Yang 等[91]研究了可变倾角
的立铣刀外圆铣削过程中的表面完整性，讨论了塑性变形和表面形貌，并且分析
了刀具相对工件的位移、刀具跳动、切削参数对表面纹路和粗糙度的影响，通过
分析发现刀具相对工件的位移和刀具跳动是主要的影响因素。Sui 等[92]针对多轴
铣削使用离散法对切削刃离散点建立起了考虑振动和刀具磨损的表面形貌仿真模
型，并对切削有效点进行限制以提升仿真效率，该模型很好地考证了仿真模型的
准确性。Li 等[93]针对拼接模具研究了拼接缝处的切削力和切削振动对表面形貌影
响的敏感性并建立了相关函数模型，研究发现，当切削路径与拼接缝垂直时相关
函数关系比较明显，振动信号较大，当夹角减小时能够缩减振动对表面形貌的
影响。

梁鑫光[94]建立了考虑时滞效应的五轴切削加工动力学模型，并离散了时间，
把切削过程中振动的位移加到静态表面形貌上，从而建立了考虑振动效应的表面
形貌仿真模型。Costes 等[95]在铣削过程中用传感器测量刀杆跳动位移，建立了带
有倾斜角的刀具仿真模型，并仿真了表面形貌。

王扬渝等[96]研究了淬硬钢同等硬度拼接和不同硬度拼接情况下切削过程中
刀具振动的情况，得到了由振动引起的能量分布情况。研究发现在不同硬度拼接
缝的附近区域，由切削力引起的振动加速度信号的最大值出现急剧变化。

江浩等[97-98]创建了一种实时测量切削刀具振动位移的办法，创建带有振动因
素的侧铣加工表面形貌模型，并根据实际测量得到的振动位移对表面形貌进行了
仿真，实验研究发现仿真数据和实验数据具有很好的吻合性。

吴警[99]研究了球头铣刀的振动对微细铣削表面形貌的影响，创建了在振动条
件下切削刃线上任意点的切削运动模型；仿真了振动幅值对二维轮廓的影响，当
振动产生的幅值达到一定数值时，刀刃会出现一个切削刃切削而另一个切削刃不
参与切削的情况；还分析了几种切削参数下刀具的振动对切削加工三维表面形貌
的影响。

王博翔[100]研究了球头铣刀切削加工薄壁件时的稳定性，创建了带有振动因素的刀具切削薄壁曲面时生成的表面形貌仿真模型，并通过仿真和正交实验对比分析了各种切削参数下振动对表面形貌的影响。结果表明：在一定参数下，加工薄壁件的悬臂端时将出现一个切削刃切削而另一个切削刃不参与切削的情况，表面残留高度峰谷值是无振动情况下的 5 倍左右；在加工薄壁件固定端时，表面残留高度明显减小，甚至逼近于没有振动的理论值，并且通过对比实测与仿真的粗糙度数值发现，其变化规律基本一致，误差在较小的范围内。

针对淬硬钢拼接模具铣削过程中的稳定性，学者也进行了很多研究。特别是铣削过程中力的建模以及稳定域的求解，求出了铣削过程中切削的稳定域，以及根据实验来研究铣削过程中的表面形貌[101-103]，对于拼接淬硬钢模具在拼接处和无拼接处没有建立通用的振动模型，只是通过实验进行分析，因此，探究淬硬钢拼接模具切削加工的通用振动模型还是很有必要的。

分形理论是非线性科学前沿理论的一部分，自然界中大多非规则的几何形态是被研究的对象，它们具有共同的特点：不规则、结构比较细微。因此若想得到更细微的结构就需要用更小的尺度来衡量。分形方法可以用来表征看似没有任何次序的自然形态，它处理了很多传统理论难以处理的问题，在表面的表征中分形理论也被慢慢应用起来。

Liang 等[104]针对研磨的工程陶瓷表面利用分形维数进行了表征，耐磨性随着分形维数的增加而增强。季旭等[105]对微细切削产生的表面进行了分形研究，证明微细切削表面形貌比较复杂，具有明显的分形特性。淦犇等[106]针对铣削加工的表面形貌，利用分形维数进行了分析，发现当铣削的质量较好时其分形维数较大。刘帅[107]用分形维数对球头铣削的表面粗糙度进行了表征，分析了切削参数对表面粗糙度分形维数的影响，研究表明分形维数与表面粗糙度之间几乎不存在对应关系。赵林等[108]针对白光干涉仪测量的激光加工的表面轮廓的数据进行了分形分析，只有轮廓最大深度大于尺度时才有分形特性。张彦斌等[109]借鉴分形理论对磨削方式加工的工程陶瓷表面进行了表征，研究发现纹路稠密时分形维数的数值比较大，纹路稀疏时分形维数比较小。Kang 等[110]针对高速端铣刀铣削淬硬钢模具时的表面形貌，基于分形维数进行了表征，伴随刀具磨损的变化分形维数的数值同表面粗糙度数值有一致变大的趋向。Wang 等[111]针对单晶蓝宝石研磨加工形成的表面形貌，利用差分盒子法计算了其分形维数，研究发现分形维数大时表面纹理细致，质量更好。李成贵等[112]对研究三维表面形貌的多种三维分形维数计算手段进行了解析和概括，并对多种不同方式切削的表面进行了验证。蒋书文等[113]对损伤表面的分形维数进行了分析，结果表明与尺度无关的分形维数可以较好地表征损伤表面，分形维数用于加工件的表面形貌表征比粗糙度更稳定。李香莲[114]利用分形对汽车中存在的一些振动杂乱信号进行了分析，认为特殊频段的分形维数可以被挑选出来。

铣削加工表面形貌的表征对于研究表面质量的完整性具有重要影响，一些评定参数对于及时发现加工过程中出现的各种问题具有重要的指导意义，可以针对不同问题给出不同的解决方法，通过评定参数来直接表征加工后的表面质量也具有一定的方便性，因此对表面形貌的描述方法进行研究具有一定的实用价值。用于表征三维表面形貌的参数有直接和间接之分，间接的是二维表征参数，直接的是三维表征参数，二维表征参数中比较常规的就是二维轮廓算术平均偏差 R_a，三维表征参数的计算原理基本都是基于二维表征方法的。杨培中等[115]定义了一种计算三维评定参数的方法，且应用实际零件的信息进行二维和三维的计算，发现三维方式的评定比二维方式的评定更能反映实际情况。张维强等[116]基于 7 个表征参数对二维的表面粗糙度进行了分析，提出和 Motif（模体）方法相结合的新理论，该理论可以评定三维的表面形貌。郑小娟[117]基于白光干涉仪测量五轴铣削加工的表面形貌，并用几种三维表征参数对实际加工的表面形貌进行了分析。

1.2.5 加工误差在机测量技术国内外研究现状

随着制造业的迅猛发展，诸如汽车覆盖件的自由曲面零件在各个行业都有极为广泛的应用，而对自由曲面零件加工精度的要求不断增高也是一种必然。对复杂曲面零件加工质量信息的获取是进行加工误差评定和补偿的前提。如图 1-13 所示，自由曲面测量方法目前大致分为三大类，分别是扫描式测量、非接触式测量及接触式测量。

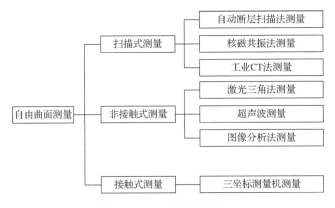

图 1-13　自由曲面测量方法

CT 为计算机断层扫描（computed tomography）

汽车覆盖件模具一般在大型数控机床上加工，加工后利用蓝光数码光栅三维扫描仪或三坐标测量机对模具自由曲面进行扫描。在测量过程中，无论使用蓝光数码光栅三维扫描仪，还是用三坐标测量机进行测量，一般需要将自由曲面模具从加工机床移除。但是，外覆盖件模具移除过程较为困难，并且该过程不但会产生重复定位误差，而且会耗费大量的时间，影响加工效率。

在机测量是指在汽车覆盖件模具加工完成后，不迁移被加工工件，在机床上直接对模具进行检测，实现检测与加工在工作空间上的合二为一，从而大幅降低检测设备成本投入，缩短检测周期，避免汽车覆盖件模具由二次装夹带来的误差。在机测量如图 1-14 所示。

图 1-14　在机测量

国内外在自由曲面测量、加工误差分析等相关技术领域也进行了一些理论和应用研究。Cho 等[118-119]在考虑加工中心几何误差的同时，首先利用多项式函数拟合在机测量得到的云数据，分析了切削条件和表面加工误差间的关系，然后进行了测量误差和机床几何误差的补偿。陈岳坪等[120]利用在机测量获得非球面模具超精磨削中的轮廓误差，据此实现数控误差补偿。

汽车模具的复杂曲面通常不能运用简单的数学表达式进行定义，而且复杂曲面曲率多变这一特点在加工过程中也对加工表面精度影响颇多。通常，模具曲面在机测量的布点方法主要为等步长法、曲率特征采样法及两者混合的方法。Pahk 等[121]研发了用于模具型面在机检测的专用软件。Li[122]首先运用质心采样法，实现了以复杂曲面曲率特征为测度的采样网格的规划。来新民等[123]基于 Li 的研究，修正曲面上测量点主曲率的几何平均值，对测量点进行物理域上的规划。

在复杂曲面加工误差评定过程中，涉及曲面上测量点集到理想曲面间最短距离计算的问题和两者之间的最优匹配问题。郭慧等[124-125]运用与曲面测量点最近的四个控制点构造一段 NURBS 曲线，将测量点到该曲线的距离作为测量点到曲面的最短距离。廖平[126-127]基于三坐标测量机实验，通过分析 NURBS 复杂曲面的型面特征，运用分割逼近算法计算测量点到曲面的最小距离，进而完成复杂曲面轮廓度误差的计算。

目前，对于汽车覆盖件模具复杂型面的加工误差在机测量过程仍停留在基于大量、均布采样点进行评价的阶段。如何实现采样点随曲面曲率特征变化完成自适应分布，如何基于在机测量技术高效而准确地重构加工曲面，进而获得复杂曲面加工误差是现在亟须解决的关键问题。

1.2.6　曲面铣削加工误差反演控制研究

在汽车覆盖件拼接模具铣削加工中，依据理想的表面形貌质量对切削参数进行反演优化研究能够有效地节省拼接模具的加工成本、节约加工时间以及显著地提升加工质量。近些年对相关问题中制约变量的优化计算多是通过研究帕累托的最优概念进行研究的。通过对国内外文献的搜集查阅，解决多目标制约问题的优化反演的方法主要有先验法以及后验法两种形式。先验法通常要求对一些问题的信息比重进行具体约束，进而通过优化反演来得到最优解，但在现实生产生活中很难确定相关目标的先验信息组成的约束条件。后验法则是先通过对优化反演的目标进行仿真计算，以计算结果为依据进行多个目标的权衡，对问题提供相应的解决方法。因此，采取后验法对铣削过程中影响表面形貌质量的切削参数进行反演研究。后验法对于多目标问题的求解优化的想法最早在 1967 年由 Rosenberg 提出，1985 年被 Schaffer 应用，他还提出泰格智能算法，即通过向量评估对多目标进行优化。随着科学技术的发展，目前在应用算法中主要有启发式优化算法、灰色关联分析法以及遗传算法[128]。

启发式优化算法能够将问题转化为实体教学场景下老师-学生的关系，通过教育机构输入"教"进行相关参数的引导，同时学生之间通过相互帮助进行"学"来提高计算的精度。Rao 等[129]提出研究中通过代码审查以及相关实验定性对启发式优化算法进行揭示。Črepinšek 等[130]针对两种不同布置的热电冷却器的设计优化问题，采用启发式优化算法，以冷却能力和性能系数为目标函数。Togan[131]对平面钢框架进行离散化处理，利用启发式优化算法证明了所设计的框架结构的有效性以及鲁棒性。吴云鹏等[132]提出一种基于启发式优化算法的奖励机制，进一步对算法进行了完善，提升了算法的收敛能力。通过对以上文献的总结发现该算法主要应用于低维目标求解并且要求单峰值的特性，对于铣削过程中多维切削参数的多峰值优化容易丢失帕累托的最优解。Natarajan 等[133]基于强化多目标的教导-学习为基础的优化算法对车削聚甲醛树脂过程的切削参数进行了多目标优化。

灰色关联分析法是对问题中相关参数进行趋势的研究，依据因素间发展趋势的相似性，对关联程度作出判断从而对问题进行优化。Kuram 等[134]进行微铣削实验，采用灰色关联分析法对铣削加工中的参数进行同时优化响应，确定最优切削参数。Chinnaiyan 等[135]采用灰色关联分析与主成分分析，研究了薄板的单点增量成型的参数影响，并确定成型参数的最佳组合，明显提高了可成型性以及降低了表面粗糙度。Kalsi 等[136]采用灰色关联分析的方法，对切削刀具材料性能在-196℃下进行低温处理，在不同的回火周期数下进行回火处理，从而保障最优的回火效果。Jayaraman 等[137]在无涂层硬质合金刀片干式切削铝合金条件下，采用灰色关联分析法对车削铝合金的切削参数进行优化，增强切削过程中的响应。

遗传算法是一种以生命进化为模型的优化模式，模拟进化论中自然选择以及遗传的机理从而得到问题的最优解的优化算法，也是在反演中应用较多的算法。Teimouri 等[138]基于遗传算法理论，采用独立成分分析（independent component analysis, ICA）算法对超声加工过程中特性彼此高度相关的目标进行响应优化。Sardinas 等[139]对切削加工中的铣削深度、进给速度和转速进行研究，基于遗传算法提出了一种多目标优化技术，同时还指出了多目标优化方法相对于单目标优化方法的优势。Sharma 等[140]开发了一种综合优化模型，运用人工神经网络和遗传算法，优化切削参数的最佳组合。

参 考 文 献

[1] Tsai C L, Liao Y S. Prediction of cutting forces in ball-end milling by means of geometric analysis[J]. Journal of Materials Processing Technology, 2008, 205: 24-33.

[2] 李水进，金仁成. 基于能量法的球头铣刀力学建模技术的研究[J]. 应用科学学报, 2000, 18(3): 246-250.

[3] Martellotti M E. An analysis of the milling process[J]. Transactions of the ASME, 1941, 63: 667-700.

[4] Martellotti M E. An analysis of the milling process. Part 2: Down milling[J]. Transactions of the ASME, 1945, 67: 233-251.

[5] Koenigsberger F, Sabberwal A J P. An investigation of the cutting force pulsations during the milling process[J]. International Journal of Machine Tool Design and Research, 1961, 1: 15-33.

[6] Lee P, Altintas Y. Prediction of ball-end milling forces from orthogonal cutting data[J]. International Journal of Machine Tools and Manufacture, 1996, 369: 1059-1072.

[7] Tai C, Fuh K. A predictive force model in ball-end milling including eccentricity effects[J]. International Journal of Machine Tools and Manufacture, 1994, 34: 959-979.

[8] Tai C, Fuh K. Model for cutting prediction in ball-end milling[J]. International Journal of Machine Tools and Manufacture, 1995, 35: 511-534.

[9] Feng H Y, Menq C H. The prediction of cutting force in the ball-end milling process—II: Cut geometry analysis and model verification[J]. International Journal of Machine Tools and Manufacture, 1994, 34: 711-719.

[10] Feng H Y, Menq C H. A flexible ball-end milling system model for cutting force and machining error prediction[J]. Journal of Manufacturing Science and Engineering, 1996, 118: 461-469.

[11] 倪其民，李从心，吴光琳，等. 考虑刀具变形的球头铣刀铣削力建模与仿真[J]. 机械工程学报, 2002, 38(3): 108-112.

[12] 倪其民，李从心，阮雪榆. 基于实体造型的球头铣刀三维铣削力仿真[J]. 上海交通大学学报, 2001, 35(7): 1003-1007.

[13] 隋秀凛，孙全颖，张学伟，等. 球头铣刀柔性铣削力建模与仿真[J]. 自动化技术与应用, 2014, 32(4): 51-54.

[14] 魏兆成, 王敏杰, 蔡玉俊, 等. 球头铣刀三维曲面加工的铣削力预报[J]. 机械工程学报, 2013, 49(1): 178-184.

[15] 曹清园. 基于铣削力建模的复杂曲面加工误差补偿研究[D]. 济南: 山东大学, 2011.

[16] Armarego E J A, Epp C J. An investigation of zero helix peripheral up-milling[J]. International Journal of Machine Tool Design and Research, 1970, 10(2): 273-291.

[17] Kumanchik L M, Schmitz T L. Improved analytical cutting thickness model for milling[J]. Precision Engineering, 2007, 31: 317-324.

[18] 姚运萍, 张娜, 王定祥, 等. 刀具偏心和变形对球头铣刀铣削力的影响[J]. 兰州理工大学学报, 2011, 37(1): 33-36.

[19] Ozturk E, Budak E. Modelling of 5-axis milling processes[J]. Machining Science and Technology, 2007, 11 (3): 287-311.

[20] Imani B M, Sadeghi M H, Elbestawi M A. An improved process simulation system for ball-end milling of sculptured surfaces[J]. International Journal of Machine Tools and Manufacture, 1998, 38: 1089-1107.

[21] Fussell B K, Jerard R B, Hemmett J G. Modeling of cutting geometry and forces for 5-axis sculptured surface machining[J]. Computer-Aided Design, 2003, 35(4): 333-346.

[22] 张臣, 周儒荣, 庄海军, 等. 基于 Z-Map 模型的球头铣刀铣削力建模与仿真[J]. 航空学报, 2006, 27(3): 347-352.

[23] 王启东. 整体立铣刀瞬态切削力理论预报及应用研究[D]. 济南: 山东大学, 2012.

[24] Budak E, Altintas Y, Armarego E J A. Prediction of milling force coefficients from orthogonal cutting data[J]. Journal of Manufacturing Science and Engineering, 1996, 118(2): 216-224.

[25] Saffar R J, Razfar M R. Simulation of end milling operation for predicting cutting force to minimize tool deflection by geoetic algorithm[J]. Machining Science and Technology, 2010, 14: 81-101.

[26] Gonzalo O, Jauregi H, Uriarte L G, et al. Prediction of specific force coefficients from a FEM cutting model[J]. International Journal of Advanced Manufacturing Technology, 2010, 43: 348-356.

[27] 王聪康, 叶海潮, 余祖西, 等. 薄壁件立铣切削力的有限元模拟与实验研究[J]. 制造业自动化, 2010, 10: 76-78.

[28] 黄志刚, 柯映林, 王立涛. 金属切削加工的热力耦合模型及有限元模拟研究[J]. 航空学报, 2004, 25(3): 317-320.

[29] Alique A, Haber R E, Haber R H, et al. A neural network-based model for the prediction of cutting force in milling process. A progress study on a real case[C]. Proceedings of the 2000 IEEE International Symposium on Intelligent Control. Held Jointly With the 8th IEEE Mediterranean Conference on Control and Automation, Rio Patras, Greece, 2000: 121-125.

[30] Ratchev S, Govender E, Nikov S, et al. Force and deflection modeling in milling of low-rigidity complex parts[J]. Journal of Materials Processing Technology, 2003, 143-144: 796-801.

[31] Zheng J X, Zhang M J, Meng Q X. Tool cutting force modeling in high speed milling using PSO-BP neural network[J]. Key Engineering Materials, 2008, 375-376: 515-519.

[32] 王刚, 万敏, 刘虎, 等. 粒子群优化模糊系统的铣削力建模方法[J]. 机械工程学报, 2011, 47(13): 123-130.

[33] Smith S, Tlusty J. An overview of modeling and simulation of the milling process[J]. Journal of Engineering of Industry, 1991, 113(2): 169-175.

[34] Schmitz T L, Davies M A, Kennedy M D. Tool point frequency response prediction for high-speed machining by RCSA[J]. Journal of Manufacturing Science and Engineering, 2001, 123 (4): 700-707.

[35] 张小俭. 柔性结构铣削时滞工艺系统的稳定性理论与实验研究[D]. 武汉: 华中科技大学, 2012.

[36] 卢晓红, 王凤晨, 王华, 等. 铣削过程颤振稳定性分析的研究进展[J]. 振动与冲击, 2016, 35(1): 74-82.

[37] Tlusty J, Ismail F. Basic non-linearity in machining chatter[J]. CIRP Annals-Manufacturing Technology, 1981, 30(1): 299-304.

[38] Tlusty J. Dynamics of high speed milling[J]. Journal of Engineering for Industry, 1986, 108(2): 59-67.

[39] Smith S, Tlusty J. Efficient simulation programs for chatter in milling[J]. CIRP Annals-Manufacturing Technology, 1993, 42 (1): 463-466.

[40] Davies M A, Pratt J R, Dutterer B S, et al. The stability of low radial immersion milling[J]. CIRP Annals-Manufacturing Technology, 2000, 49(1): 37-40.

[41] Davies M A, Pratt J R, Dutterer B S, et al. Stability prediction for low radial immersion milling[J]. Journal of Manufacturing Science and Engineering, Transactions of the ASME, 2002, 124 (2): 217-225.

[42] Campomanes M L, Altintas Y. An improved time domain simulation for dynamic milling at small radial immersions[J]. Journal of Manufacturing Science and Engineering, Transactions of the ASME, 2003, 125 (3): 416-422.

[43] Li Z, Liu Q. Solution and analysis of chatter stability for end milling in the time-domain[J]. Chinese Journal of Aeronautics, 2008, 21(2): 169-178.

[44] Budak E, Altintas Y. Analytical prediction of chatter stability in milling—part I: General formulation[J]. Journal of Dynamic Systems, Measurement, and Control, 1998, 120(1): 22-30.

[45] Merdol S D, Altintas Y. Multi frequency solution of chatter stability for low immersion milling[J]. Journal of Manufacturing Science and Engineering, Transactions of the ASME, 2004, 126(3): 459-466.

[46] Bachrathy D, Stepan G. Improved prediction of stability lobes with extended multi solution[J]. CIRP Annals-Manufacturing Technology, 2013, 62(1): 411- 414.

[47] Altintas Y, Budak E. Analytical prediction of stability lobes in milling[J]. CIRP Annals-Manufacturing Technology, 1995, 44 (1): 357-362.

[48] Minis I, Yanushevsky R. A new theoretical approach for the prediction of machine tool chatter in milling[J]. Journal of Engineering for Industry, 1993, 115(1): 1-8.

[49] Bayly P V, Halley J E, Mann B P, et al. Stability of interrupted cutting by temporal finite element analysis[J]. Journal of Manufacturing Science and Engineering, 2003, 125(2): 220-225.

[50] Bayly P V, Mann B P, Schmitz T L, et al. Effects of radial immersion and cutting direction on chatter instability in end-milling[C]. ASME International Mechanical Engineering Congress and Exposition, 2002: 351-363.

[51] Bayly P V, Halley J E, Mann B P, et al. Stability of interrupted cutting by temporal finite element analysis[C]. ASME 2001 International Design Engineering Technical Conferences and Computers and Information in Engineering Conference, 2001.

[52] Insperger T, Stepan G. Semi-discretization method for delayed systems[J]. International Journal for Numerical Methods in Engineering, 2002, 55(5): 503-518.

[53] Insperger T, Stepan G. Updated semi-discretization method for periodic delay-differential equations with discrete delay[J]. International Journal for Numerical Methods in Engineering, 2004, 61(1): 117-141.

[54] Long X, Balachandran B, Mann B. Dynamics of milling processes with variable time delays[J]. Nonlinear Dynamics, 2007, 47(1): 49-63.

[55] Wan M, Zhang W H, Dang J W, et al. A unified stability prediction method for milling process with multiple delays[J]. International Journal of Machine Tools and Manufacture, 2010, 50(1): 29-41.

[56] Insperger T, Stepan G, Turi J. On the higher-order semi-discretizations for periodic delayed systems[J]. Journal of Sound and Vibration, 2008, 313(1-2): 334-341.

[57] Hartung F, Insperger T, Stepan G, et al. Approximate stability charts for milling processes using semi-discretization[J]. Applied Mathematics and Computation, 2006, 174(1): 51-73.

[58] Henninger C, Eberhard P. Improving the computational efficiency and accuracy of the semi-discretization method for periodic delay-differential equations[J]. European Journal of Mechanics-A/Solids, 2008, 27(6): 975-985.

[59] Ding Y, Zhu L M, Zhang X J, et al. A full-discretization method for prediction of milling stability[J]. International Journal of Machine Tools and Manufacture, 2010, 50(5): 502-509.

[60] Ding Y, Zhu L M, Zhang X J, et al. Numerical integration method for prediction of milling stability[J]. Journal of Manufacturing Science and Engineering, 2011, 133(3): 031005.

[61] Liang X G, Yao Z Q. An accuracy algorithm for chip thickness modeling in 5-axis ball finish milling[J]. Computer-Aided Design, 2011, 43(8): 971-978.

[62] Kim B H, Yi B J, Suh I H. Stiffness analysis for effective peg-in/out-hole tasks using multi-fingered robot hands[C]. International Conference on Intelligent Robots and Systems, Takamatsu, IEEE, 2000:1229-1236.

[63] Song J, Mou J. A near-optimal part setup algorithm for 5-axis machining using a parallel kinematic machine[J]. International Journal of Advanced Manufacturing Technology, 2005, 25(1-2): 130-139.

[64] Corless M, Zenieh S. A new control design methodology for robotic manipulators with flexible joints[C]. Proceedings of the American Control Conference, Washington, IEEE, 1995: 4316-4320.

[65] 张华, 李育文, 王立平, 等. 龙门式混联机床的静刚度分析[J]. 清华大学学报(自然科学版), 2004, 44(2): 182-185.

[66] 孙永平, 王德伦, 马雅丽, 等. G型结构立式镗铣机床位置刚度数值模拟与试验[J]. 大连理工大学学报, 2013, 53(3): 364-369.

[67] 闫蓉, 陈威, 彭芳瑜, 等. 多轴加工系统闭链刚度场建模与刚度性能分析[J]. 机械工程学报, 2012, 48(1): 179-184.

[68] Omar O E E K, El-Wardany T, Ng E, et al. An improved cutting force and surface topography prediction model in end milling[J]. International Journal of Machine Tools and Manufacture, 2007, 47(7-8): 1263-1275.

[69] Quinsat Y, Sabourin L, Lartigue C. Surface topography in ball end milling process: Description of a 3D surface roughness parameter[J]. Journal of Materials Processing Technology, 2008, 195(1-3): 135-143.

[70] Chiou C J, Lee Y S. A machining potential field approach to tool path generation for multi-axis sculptured surface machining[J]. Computer-Aided Design, 2002, 34(5): 357-371.

[71] Chen J S, Huang Y K, Chen M S. A study of the surface scallop generating mechanism in the ball-end milling process[J]. International Journal of Machine Tools and Manufacture, 2005, 45(9): 1077-1084.

[72] Zhang C, Guo S, Zhang H Y, et al. Modeling and predicting for surface topography considering tool wear in milling process[J]. International Journal of Advanced Manufacturing Technology, 2013, 68(9-12): 2849-2860.

[73] Zhang C, Zhang H Y, Zhou L S, et al. Modeling and on-line simulation of surface topography considering tool wear in multi-axis milling process[J]. International Journal of Advanced Manufacturing Technology, 2015, 77(1-4): 735-749.

[74] Peng F Y, Wu J, Fang Z L, et al. Modeling and controlling of surface topography feature in micro-ball-end milling[J]. International Journal of Advanced Manufacturing Technology, 2013, 67(9-12): 2657-2670.

[75] Yang L, Wu S, Liu X L, et al. The effect of characteristics of free-form surface on the machined surface topography in milling of panel mold[J]. International Journal of Advanced Manufacturing Technology, 2018, 98: 151-163.

[76] Layegh K S E, Lazoglu I. 3D surface topography analysis in 5-axis ball-end milling[J]. CIRP Annals-Manufacturing Technology, 2017, 66(1): 133-136.

[77] Mizugaki Y, Kikkawa K, Terai H, et al. Theoretical estimation of machined surface profile based on cutting edge movement and tool orientation in ball-nosed end milling[J]. CIRP Annals-Manufacturing Technology, 2003, 52(1): 49-52.

[78] Xu J T, Zhang H, Sun Y W. Swept surface-based approach to simulating surface topography in ball-end CNC milling[J]. International Journal of Advanced Manufacturing Technology, 2017, 98: 107-118.

[79] 赵厚伟, 张松, 赵斌, 等. 球头铣刀加工表面形貌仿真预测[J]. 计算机集成制造系统, 2014, 20(4): 880-889.

[80] 赵厚伟, 张松, 王高琦, 等. 球头铣刀加工倾角对表面形貌的影响[J]. 计算机集成制造系统, 2013, 19(10): 2438-2444.

[81] 梁鑫光, 姚振强. 基于动力学响应的球头刀五轴铣削表面形貌仿真[J]. 机械工程学报, 2013, 49(6): 171-178.

[82] 郑溢. 球头铣削工件表面形貌仿真及粗糙度预测[D]. 哈尔滨: 哈尔滨理工大学, 2014.

[83] Buj-Corral I, Vivancos-Calvet J, Domínguez-Fernández A. Surface topography in ball-end milling processes as a function of feed per tooth and radial depth of cut[J]. International Journal of Machine Tools and Manufacture, 2012, 53(1): 151-159.

[84] Lotfi S, Wassila B, Gilles D. Cutter workpiece engagement region and surface topography prediction in five-axis ball-end milling[J]. Machining Science and Technology, 2017(3): 1-22.

[85] 托贝斯. 机床振动学[M]. 天津大学机械系, 译. 北京: 机械工业出版社. 1977.

[86] Kuljanic E, Sortino M, Totis G. Multisensor approaches for chatter detection in milling[J]. Journal of Sound and Vibration, 2008, 312(4-5):672-693.

[87] Dimla D E, Sr. The impact of cutting conditions on cutting forces and vibration signals in turning with plane face geometry inserts[J]. Journal of Materials Processing Technology, 2004, 155-156(1): 1708-1715.

[88] Jiang B, Cao G L, Zhang M H, et al. Influence characteristics of tool vibration and wear on machined surface topography in high-speed milling[J]. Materials Science Forum, 2014, 800-801(6): 585-589.

[89] Peng F Y, Wu J, Yuan S, et al. The effect of vibration on the surface topography in micro-milling[J]. Applied Mechanics and Materials, 2012, 217-219: 1791-1801.

[90] Arizmendi M, Campa F J, Fernández J, et al. Model for surface topography prediction in peripheral milling considering tool vibration[J]. CIRP Annals-Manufacturing Technology, 2009, 58(1): 93-96.

[91] Yang D, Liu Z. Surface plastic deformation and surface topography prediction in peripheral milling with variable pitch end mill[J]. International Journal of Machine Tools and Manufacture, 2015, 91: 43-53.

[92] Sui X L, Zheng Y, Jiang J G, et al. Establishment of surface topography simulation model with considering vibration and wear of ball-end milling[J]. International Journal of Smart Home, 2014, 8(1): 207-216.

[93] Li R Y, Liu X L, Song S G, et al. Study of the sensitivity of surface topography on the dynamic milling force near the joint of mold[J]. Materials Science Forum, 2014, 800-801: 749-754.

[94] 梁鑫光. 基于变时滞特性的球头刀五轴精铣削稳定性研究[D]. 上海: 上海交通大学, 2013.

[95] Costes J P, Moreau V. Surface roughness prediction in milling based on tool displacements[J]. Journal of Manufacturing Processes, 2011, 13(2): 133-140.

[96] 王扬渝, 计时鸣, 王慧强, 等. 球头铣削多硬度拼接淬硬钢的振动研究[J]. 中国机械工程, 2012, 23(6): 10-15.

[97] 江浩, 龙新华, 孟光. 侧铣加工振动与表面轮廓形成[J]. 上海交通大学学报, 2008, 42(5): 730-734.

[98] Jiang H, Long X H, Meng G. Study of the correlation between surface generation and cutting vibrations in peripheral milling[J]. Journal of Materials Processing Technology, 2008, 208(1-3): 229-238.

[99] 吴警. 微细铣削加工表面形貌仿真与分析[D]. 武汉: 华中科技大学, 2013.

[100] 王博翔. 薄壁件球头铣刀加工表面形貌及稳定性研究[D]. 南京: 南京理工大学, 2016.

[101] 岳彩旭, 张海涛, 马晶, 等. 基于铣削力突变的拼接模具硬态铣削工艺优化[J]. 沈阳工业大学学报, 2017, 39(2): 153-158.

[102] 陈广超. 高速球头铣刀加工淬硬钢切削稳定性研究[D]. 哈尔滨: 哈尔滨理工大学, 2012.

[103] 张海涛. 汽车覆盖件拼接模具硬态铣削过程动态特性研究[D]. 哈尔滨: 哈尔滨理工大学, 2017.

[104] Liang X H, Lin B, Han X S, et al. Fractal analysis of engineering ceramics ground surface[J]. Applied Surface Science, 2012, 258(17): 6406-6415.

[105] 季旭, 赵林, 耿雷, 等. 微细铣削加工表面形貌的分形特征[J]. 黑龙江科技大学学报, 2011, 21(6): 466-469.

[106] 淦犇, 黄宜坚. 铣削加工表面轮廓的几何分形特征[J]. 华侨大学学报(自然科学版), 2010, 31(4): 371-377.

[107] 刘帅. 多轴球头铣削表面形貌分析及摩擦系数研究[D]. 济南: 山东大学, 2015.

[108] 赵林, 耿雷, 钟华燕, 等. 激光切割表面三维形貌的分形特征[J]. 黑龙江科技大学学报, 2013, 23(5): 440-443.

[109] 张彦斌, 林滨, 梁小虎, 等. 基于分形理论表征工程陶瓷磨削表面[J]. 硅酸盐学报, 2013(11): 1558-1563.

[110] Kang M C, Kim J S, Kim K H. Fractal dimension analysis of machined surface depending on coated tool wear[J]. Surface and Coatings Technology, 2005, 193(1-3): 259-265.

[111] Wang Q Y, Zhao W X, Liang Z Q, et al. Fractal analysis of surface topography in ground monocrystal sapphire[J]. Applied Surface Science, 2015, 327: 182-189.

[112] 李成贵, 董申. 三维表面形貌的分形维数计算方法[J]. 航空精密制造技术, 2000, 36(4): 36-40.

[113] 蒋书文, 姜斌, 李燕, 等. 磨损表面形貌的三维分形维数计算[J]. 摩擦学学报, 2003, 23(6): 533-536.

[114] 李香莲. 汽车振动信号的分形分析[J]. 机电一体化, 2004, 10(6): 88-91.

[115] 杨培中, 蒋寿伟. 表面粗糙度三维评定的研究[J]. 机械设计与研究, 2002, 18(2): 64-67.

[116] 张维强, 陈国强. 基于地貌学的零件表面三维形貌评定[J]. 机械设计与研究, 2007, 23(2): 76-79.

[117] 郑小娟. 五轴高速铣削表面的形貌分析与工艺优化[D]. 广州: 华南理工大学, 2015.

[118] Cho M W, Seo T I, Kwon H D. Integrated error compensation method using OMM system for profile milling operation[J]. Journal of Materials Processing Technology, 2003, 136(1): 88-99.

[119] Cho M W, Kim G H, Seo T I, et al. Integrated machining error compensation method using OMM data and modified PNN algorithm[J]. International Journal of Machine Tools and Manufacture, 2006, 46 (12/13): 1417-1427.

[120] 陈岳坪, 高健, 邓海祥, 等. 复杂曲面零件在线检测与误差补偿方法[J]. 机械工程学报, 2012, 48(23): 143-151.

[121] Pahk H J, Jung M Y, Hwang S W, et al. Integrated precision inspection system for manufacturing of moulds having CAD defined features[J]. International Journal Advanced Manufacturing Technology, 1995, 10(3): 198-207.

[122] Li S Z. Adaptive sampling and mesh generation[J]. Computer-Aided Design, 1995, 27(3): 235-240.

[123] 来新民, 黄田, 林忠钦, 等. 数学模型已知的自由曲面数字化自适应采样[J]. 计算机辅助设计与图形学学报, 1999, 11(4): 359-362.

[124] 郭慧, 潘家祯. 基于微粒群算法的叶片曲面形状误差评定[J]. 华东理工大学学报, 2008, 34(5): 769-772.

[125] 郭慧, 林大钧. 基于微粒群算法的复杂曲面轮廓度误差计算[J]. 东华大学学报(自然科学版), 2008, 34(3): 274-277, 281.

[126] 廖平. 基于遗传算法和分割逼近法精确计算复杂曲面轮廓度误差[J]. 机械工程学报, 2010, 46(10): 1-7.

[127] 廖平. 基于遗传算法的椭球面形状误差精确计算[J]. 仪器仪表学报, 2009, 30(4) : 780-785.

[128] Olivetti E, Greiner S, Avesani P. Testing multiclass pattern discrimination[C]. International Workshop on Pattern Recognition in Neuroimaging, IEEE Computer Society, 2012.

[129] Rao R V, Patel V. Multi-objective optimization of two stage thermoelectric cooler using a modified teaching-learning-based optimization algorithm[J]. Engineering Applications of Artificial Intelligence, 2013, 26(1): 430-445.

[130] Črepinšek M, Liu S H, Mernik L. A note on teaching-learning-based optimization algorithm[J]. Information Sciences, 2012, 212: 79-93.

[131] Togan V. Design of planar steel frames using teaching-learning based optimization[J]. Engineering Structures, 2012, 34: 225-232.

[132] 吴云鹏, 崔佳旭, 张永刚. 一种新的结合奖励机制的 ETLBO 算法[J]. 吉林大学学报(理学版), 2019,57(6): 1416-1424.

[133] Natarajan E, Kaviarasan V, Lim W H, et al. Enhanced multi-objective teaching-learning-based optimization for machining of delrin[J]. IEEE Access, 2018, 6: 51528-51546.

[134] Kuram E, Ozcelik B. Multi-objective optimization using Taguchi based grey relational analysis for micro-milling of Al 7075 material with ball nose end mill[J]. Measurement, 2013, 46(6): 1849-1864.

[135] Chinnaiyan P, Jeevanantham A K. Multi-objective optimization of single point incremental sheet forming of AA5052 using Taguchi based grey relational analysis coupled with principal component analysis[J]. International Journal of Precision Engineering and Manufacturing, 2014, 15(11): 2309-2316.

[136] Kalsi N S, Sehgal R, Sharma V S. Multi-objective optimization using grey relational Taguchi analysis in machining: Grey relational Taguchi analysis[J]. International Journal of Organizational and Collective Intelligence, 2016, 6(4): 45-64.

[137] Jayaraman P, Kumar L M. Multi-response optimization of machining parameters of turning AA6063 T6 aluminium alloy using grey relational analysis in Taguchi method[J]. Procedia Engineering, 2014, 97: 197-204.

[138] Teimouri R, Baseri H, Moharami R. Multi-responses optimization of ultrasonic machining process[J]. Journal of Intelligent Manufacturing, 2015, 26(4): 745-753.

[139] Sardinas R Q, Santana M R, Brindis E A. Genetic algorithm-based multi-objective optimization of cutting parameters in turning processes[J]. Engineering Applications of Artificial Intelligence, 2006, 19(2): 127-133.

[140] Sharma A V N L, Subbaiah K V. Multi-objective optimization of cutting parameters in hard turning process using genetic algorithm(GA) and artificial neural network(ANN)[J]. International Journal of Mechanical and Production Engineering Research and Development, 2014,4(6):1-6.

第 2 章　自由曲面淬硬钢模具铣削力建模与仿真

依据 Lee 等[1]的切削刃微元剪切力和犁耕力的模型，建立球头铣刀铣削力模型，其中，未变形切屑厚度的解算是预测模型准确性的关键。刀工接触区的分析是预测自由曲面铣削力的基础[2-3]。针对自由曲面球头铣削刀工接触关系和铣削力复杂多变的问题，本章基于曲面几何特征，研究曲率半径、刀具前倾角对球头铣削轴向切触角和径向切触角的影响，分析前倾角和轴向切触角对未变形切屑厚度的影响规律，结合刀齿三维摆线轨迹建立球头铣削力模型，并进行球头铣刀铣削淬硬钢模具实验以验证模型的准确性。

2.1　自由曲面的球头铣削特征

2.1.1　自由曲面模具二次型基底

为了构建自由曲面三轴铣削的基底，设曲面上任意一点 $P_0=[x_0 \quad y_0 \quad z_0]^T$，根据该点的三个正交向量（法向量 n，两个主方向向量 u 和 v），以点 P_0 为原点建立局部坐标系，则任意点 P_0 附近的曲面可表示为如下方程：

$$F(x, y, z) = 0 \qquad (2-1)$$

根据隐函数存在定理，该方程确定了一个二元函数：$Z=f(x, y)$，则点 P_0 的法向量可表示为 $[-f_x'(0,0) \quad -f_y'(0,0) \quad 1]^T$，$X$ 轴方向曲率表示为 $f_{xx}''/(1+f_x'^2)^{2/3}$，$Y$ 轴方向曲率表示为 $f_{yy}''/(1+f_y'^2)^{2/3}$。

基于以上分析，任一点 P_0 附近的曲面在局部坐标系内都可近似表示成上述二次型的形式，故整个曲面可以看成不同局部坐标系下的一系列二次型的组合。从而将对曲面加工特性的研究转化为对二次型所表示的典型曲面的研究。

2.1.2　自由曲面的曲率特征

设二次曲面 S：$r=r(u,v)$，由微分几何和曲面曲率高斯定律可知，P_0 点的两个主曲率 k_1 和 k_2 之积记为 K：

$$K = k_1k_2 = \frac{LN - M^2}{EG - F^2} \tag{2-2}$$

由曲面第一基本向量可求得 E、F、G，由曲面第二基本向量可求得 L、M、N。

$$i = \begin{bmatrix} \dfrac{\partial S}{\partial u}\dfrac{\partial S}{\partial u} & \dfrac{\partial S}{\partial u}\dfrac{\partial S}{\partial v} \\ \dfrac{\partial S}{\partial v}\dfrac{\partial S}{\partial u} & \dfrac{\partial S}{\partial v}\dfrac{\partial S}{\partial v} \end{bmatrix} = \begin{bmatrix} E & F \\ F & G \end{bmatrix} \tag{2-3}$$

$$ii = \begin{bmatrix} n\dfrac{\partial^2 S}{\partial u^2} & n\dfrac{\partial^2 S}{\partial u\partial v} \\ n\dfrac{\partial^2 S}{\partial u\partial v} & n\dfrac{\partial^2 S}{\partial v^2} \end{bmatrix} = \begin{bmatrix} L & M \\ M & N \end{bmatrix} \tag{2-4}$$

式中，i 为曲面第一基本向量；ii 为曲面第二基本向量；n 为该点的单位法向量。

自由曲面顺铣时刀具和工件接触关系及曲率特征如图 2-1 所示，Z_c 为刀具和工件接触位置的工件法曲率方向，X_c 为刀具进给运动方向，Y_c 与 X_c 和 Z_c 符合右手定则。铣刀刃线沿刀具轴线回转与工件待加工表面相交，形成未变形切屑。设过切削刃刀触点同时与刀轴方向和进给方向平行的平面为平面 I，过刀触点，在平面 I 上度量的工件曲率半径为 ρ_j，即沿刀具铣削路径方向的工件曲率半径；设过切削刃刀触点与刀轴方向平行的平面为平面 II，过刀触点，在平面 II 上度量的工件曲率半径为 ρ_θ，即沿刀具行距方向的工件曲率半径；设过切削刃刀触点与进给速度 v_f 方向平行且与工件表面相切的平面为平面 III，过刀触点，在平面 III 上度量的工件曲率半径为 ρ_φ，即沿刀具进给方向的工件曲率半径。

由法曲率欧拉（Euler）公式可得，工件沿行距方向的法曲率 $1/\rho_\theta$ 和沿刀具铣削路径方向的曲率 $1/\rho_j$ 分别为

$$1/\rho_\theta = k_1\cos^2 a + k_2\sin^2 a \qquad (2\text{-}5)$$

$$1/\rho_j = k_1\sin^2 a + k_2\cos^2 a \qquad (2\text{-}6)$$

式中，a 为最小主曲率 k_1 的法向与进给方向的夹角。对于任意复杂曲面，最小曲率半径方向即为最大法曲率方向。

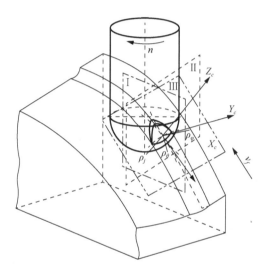

图 2-1　自由曲面顺铣时刀具和工件接触关系及曲率特征

2.1.3　自由曲面铣削刀具加工倾角

建立三轴机床加工自由曲面的刀具位姿的坐标系统，如图 2-2 所示。其中，F 为进给方向，C 为与进给方向垂直的行距方向，N 为切削点所在曲面的法向，N 在行距方向投影为 N_c，N 在进给方向投影为 N_f，坐标系统 FCN 符合右手定则。采用三轴机床加工自由曲面时同样存在前倾角 β_f 和侧偏角 β_c。前倾角定义为在进给平面度量刀工接触点的法向量与刀轴的夹角，从行距方向 C 看刀工接触点的法向量相对于刀轴逆时针方向为正，顺时针方向为负；侧偏角定义为在行距平面度

量刀工接触点的法向量与刀轴的夹角，从进给方向 F 看刀工接触点的法向量相对于刀轴逆时针方向为正，顺时针方向为负。

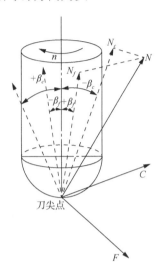

图 2-2　刀具位姿的坐标系统

2.1.4　球头铣刀刃线几何特征

球头铣刀球头部分切削刃实际为正螺旋面与球面的交线，刃线方程为

$$\begin{cases} X_j = R \cdot \sin\theta(z) \cdot \cos\left(\tan\beta_0(1-\cos\theta(z))\right) \\ Y_j = R \cdot \sin\theta(z) \cdot \sin\left(\tan\beta_0(1-\cos\theta(z))\right) \\ Z_j = R \cdot (1-\cos\theta(z)) \end{cases} \qquad （2-7）$$

式中，X_j、Y_j、Z_j 为刀具坐标系下球头部分切削刃线上任意点的坐标，球头铣刀坐标系及刃线微元几何特征如图 2-3 所示；β_0 为刀具螺旋角；R 为球头铣刀球头部分半径；$\theta(z)$ 为切削刃上任意点轴向位置角，即向量 OP 与 Z_c 轴负向的夹角，螺旋滞后角 $\mu = \tan\beta_0(1-\cos\theta(z))$，则第 j 个刀齿在 t 时刻切削刃任意离散微元的水平位置角为

$$\varphi_j(t) = (2\pi n/60)t - (j-1) \cdot 2\pi/N - \tan\beta_0(1-\cos\theta(z)) \qquad （2-8）$$

式中，N 是刀齿数；n 是刀具转速。

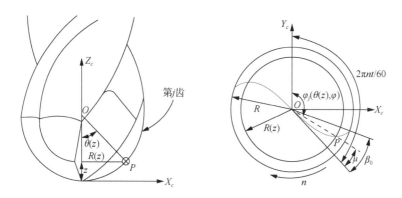

图 2-3　球头铣刀坐标系及刃线微元几何特征

刀具切削刃上点 P 的实际切削半径 $R(z)$ 与轴向切削位置角 $\theta(z)$ 有关，即

$$R(z)=R\sin\theta(z) \tag{2-9}$$

2.1.5　球头铣刀铣削刀齿三维摆线轨迹

曲面铣削时，球头铣刀进给为空间曲线，铣削刀具同时进行回转运动，因此，任意刀齿运动轨迹为三维摆线轨迹。

球头铣刀任意刀齿上任意切削刃离散点需要经历刀齿局部坐标系 $O_2\text{-}X_jY_jZ_2$—主轴回转坐标系 $O_2\text{-}X_2Y_2Z_2$—主轴进给坐标系 $O_1\text{-}X_1Y_1Z_1$—工件空间惯性参考系 $O_0\text{-}X_0Y_0Z_0$ 四个坐标系，进行三次坐标变换，如图 2-4 所示，三次坐标变换矩阵分别为 $T_{1\text{-}0}(f_x, f_y, f_z, t)$、$T_{2\text{-}1}(\omega, t)$ 和 $T_{j\text{-}2}(\varphi_j)$，其中，刀齿局部坐标系和主轴回转坐标系 O_2Z_2 重合。

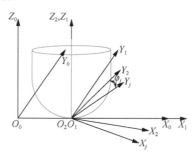

图 2-4　切削刃轨迹坐标系

以刀尖为原点，在刀具第 j 齿刀齿局部坐标系 O_2-$X_jY_jZ_2$ 下，球头部分切削刃参数方程齐次坐标表达式如下：

$$S_e = \begin{bmatrix} x_j \\ y_j \\ z_j \\ 1 \end{bmatrix} = \begin{bmatrix} R \cdot \sin\theta(z) \cdot \cos\mu \\ R \cdot \sin\theta(z) \cdot \sin\mu \\ R \cdot (1 - \cos\theta(z)) \\ 1 \end{bmatrix} \quad （2-10）$$

在刀具局部坐标系 O_2-$X_2Y_2Z_2$ 中，O_2Y_2 轴正方向与 O_2Y_j 轴正方向夹角为 φ_j（初始状态 $\varphi_j=\phi_j$，ϕ_j 是齿间角，$\phi_j=(j-1)2\pi/N$，$j=1,2,\cdots,N$），即第 j 齿与轴向位置角 $\theta=0$ 处被指定的切削刃（第一齿）夹角为 φ_j，则刀具局部坐标系 O_2-$X_2Y_2Z_2$ 中第 j 齿切削刃的参数方程可由球头铣刀刀齿局部坐标系通过式（2-11）旋转变换获得：

$$\begin{bmatrix} x_2 & y_2 & z_2 & 1 \end{bmatrix}^T = T_{j\text{-}2}(\phi_j) \begin{bmatrix} x_j & y_j & z_j & 1 \end{bmatrix}^T \quad （2-11）$$

$$T_{j\text{-}2}(\phi_j) = \begin{bmatrix} \cos\phi_j & \sin\phi_j & 0 & 0 \\ -\sin\phi_j & \cos\phi_j & 0 & 0 \\ 0 & 0 & 1 & 0 \\ 0 & 0 & 0 & 1 \end{bmatrix} \quad （2-12）$$

式中，j 为切削刃编号。

在主轴进给坐标系 O_1-$X_1Y_1Z_1$ 中，刀具铣削时，主轴回转坐标系 O_2-$X_2Y_2Z_2$ 绕主轴轴向 O_1Z_1 做回转运动，角速度为 ω，其中，被指定的切削刃（第一齿）轴向位置角 $\theta(z)=0$ 处的切削刃切向量与 O_2Y_2 轴正方向一致。则 t 时刻后，主轴回转坐标系 O_2-$X_2Y_2Z_2$ 的 O_2Y_2 轴正方向与 O_1-$X_1Y_1Z_1$ 坐标系 O_1Y_1 轴正方向的夹角为 ωt。则主轴进给坐标系 O_1-$X_1Y_1Z_1$ 中第 j 齿切削刃的参数方程可以由主轴回转坐标系 O_2-$X_2Y_2Z_2$ 通过式（2-13）旋转变换获得：

$$\begin{bmatrix} x_1 & y_1 & z_1 & 1 \end{bmatrix}^T = T_{2\text{-}1}(\omega,t) \begin{bmatrix} x_2 & y_2 & z_2 & 1 \end{bmatrix}^T \quad （2-13）$$

式中，

$$T_{2\text{-}1}(\omega,t) = \begin{bmatrix} \cos\omega t & \sin\omega t & 0 & 0 \\ -\sin\omega t & \cos\omega t & 0 & 0 \\ 0 & 0 & 1 & 0 \\ 0 & 0 & 0 & 1 \end{bmatrix}$$ （2-14）

由于铣刀相对于工件的进给运动, 在工件空间惯性参考系 $O_0\text{-}X_0Y_0Z_0$ 中沿 O_0X_0 轴、O_0Y_0 轴和 O_0Z_0 轴方向 t 时刻内平移距离分别为 f_xt、f_yt 和 f_zt, 则工件空间惯性参考系 $O_0\text{-}X_0Y_0Z_0$ 中第 j 齿切削刃的参数方程可以由主轴进给坐标系 $O_1\text{-}X_1Y_1Z_1$ 通过式（2-15）旋转变换获得:

$$\begin{bmatrix} x_0 & y_0 & z_0 & 1 \end{bmatrix}^T = T_{1\text{-}0}(f_x,f_y,f_z,t)\begin{bmatrix} x_1 & y_1 & z_1 & 1 \end{bmatrix}^T$$ （2-15）

式中,

$$T_{1\text{-}0}(f_x,f_y,f_z,t) = \begin{bmatrix} 1 & 0 & 0 & f_xt \\ 0 & 1 & 0 & f_yt \\ 0 & 0 & 1 & f_zt \\ 0 & 0 & 0 & 1 \end{bmatrix}$$ （2-16）

综上所述, 从第 j 齿切削刃局部坐标系到工件空间惯性参考系的总变换矩阵为

$$T = T_{1\text{-}0}(f_x,f_y,f_z,t)T_{2\text{-}1}(\omega,t)T_{j\text{-}2}(\phi_j)$$ （2-17）

推导得

$$T = \begin{bmatrix} \cos(\omega t+\phi_j) & \sin(\omega t+\phi_j) & 0 & f_xt \\ -\sin(\omega t+\phi_j) & \cos(\omega t+\phi_j) & 0 & f_yt \\ 0 & 0 & 1 & f_zt \\ 0 & 0 & 0 & 1 \end{bmatrix}$$ （2-18）

则第 j 齿切削刃的参数方程在工件空间惯性参考系内的表达式为

$$\begin{bmatrix} x_0 & y_0 & z_0 & 1 \end{bmatrix}^T = T\begin{bmatrix} x_j & y_j & z_j & 1 \end{bmatrix}^T$$ （2-19）

将式（2-10）和式（2-18）代入式（2-19）可得球头铣刀曲面铣削切削刃轨迹方程为

$$
\begin{bmatrix} x_0 \\ y_0 \\ z_0 \\ 1 \end{bmatrix} = \begin{bmatrix} f_x t + R\sin\theta(z)\cos\left(\omega t + \phi_j - \mu\right) \\ f_y t + R\sin\theta(z)\sin\left(\omega t + \phi_j - \mu\right) \\ f_z t + R(1-\cos\theta(z)) \\ 1 \end{bmatrix} \tag{2-20}
$$

式中，$f_x t$、$f_y t$ 和 $f_z t$ 为刀具在工件空间惯性参考系内相对于工件沿 $O_0 X_0$ 轴、$O_0 Y_0$ 轴和 $O_0 Z_0$ 轴方向 t 时刻内平移距离，三个分量的大小与刀具前倾角 β_f 和进给速度矢量在 $O_0\text{-}X_0 Y_0 Z_0$ 平面内投影与 $O_0 X_0$ 轴正方向夹角的进给方向角 λ 有关。$f_x t$、$f_y t$ 和 $f_z t$ 可分别表示为

$$
\begin{cases} f_x t = f_z \cos\beta_f \cos\lambda \\ f_y t = f_z \cos\beta_f \sin\lambda \\ f_z t = f_z \sin\beta_f \end{cases} \tag{2-21}
$$

式中，f_z 为每齿进给量，将相邻两齿对应的球头铣刀刀尖点分别记为 $C_1(x_1,y_1,z_1)$、$C_2(x_2,y_2,z_2)$，则前倾角 β_f 和进给方向角 λ 可表示为

$$
\begin{cases} \beta_f = \arcsin\left(\dfrac{z_2 - z_1}{\sqrt{\left(x_2 - x_1\right)^2 + \left(y_2 - y_1\right)^2 + \left(z_2 - z_1\right)^2}} \right) \\[4mm] \lambda = \arcsin\left(\dfrac{y_2 - y_1}{\sqrt{\left(x_2 - x_1\right)^2 + \left(y_2 - y_1\right)^2}} \right) \end{cases} \tag{2-22}
$$

直径为 20mm 的球头铣刀，不同型面特征的刀齿三维摆线轨迹如图 2-5 所示。

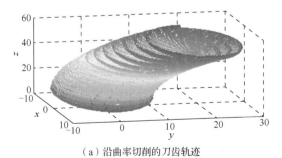

（a）沿曲率切削的刀齿轨迹

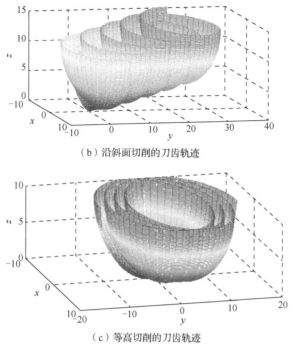

（b）沿斜面切削的刀齿轨迹

（c）等高切削的刀齿轨迹

图 2-5　刀齿三维摆线轨迹

2.2　自由曲面曲率对切触区的影响

2.2.1　行距方向曲面曲率对轴向切触角的影响

自由曲面行距方向曲率半径 ρ_θ 直接影响轴向切触角 $\theta=\theta_{up}-\theta_{low}$，曲面铣削轴向位置角如图 2-6 所示。$\rho_\theta$ 影响刀工接触区的上下极限轴向切削位置角 θ_{up} 和 θ_{low}，也决定刀工接触区切削刃上任意点的轴向位置角 $\theta(z)$ 及实际切削半径 R_θ 的大小。ρ_θ 最终决定第 j 齿的角速度方向的水平转向角 $\varphi_j(t)$。

由图 2-6 可知，凸凹曲面的切削刃轴向切触角为

$$\theta=\arccos\frac{R^2+\left(\rho_\theta i+R\right)^2-\left(\rho_\theta i+a_p\right)^2}{2R\left|\left(\rho_\theta i+R\right)\right|} \qquad (2\text{-}23)$$

式中，ρ_θ 为曲面与刀具切削刃接触点处的曲率半径，当曲面为凸曲面时，ρ_θ 为正值，当曲面为凹曲面时，ρ_θ 为负值。$R(\theta_{up})$ 为轴向切触区上边界对应的实际切削半径，θ 为刀工接触区的切削刃轴向切触角，a_p 为轴向铣削深度。如果实际加工中铣削路径各处加工余量不均匀，则需重新计算刀具切削刃和曲面接触点，确定刀工接触区域。由切削层微元宽度 $db=Rd\theta$ 可知，曲面曲率半径决定切削刃轴向切触角，进而影响切削层微元宽度。凸凹曲面时，具有相同的切入和切出切削刃轴向位置角，如下式：

$$\begin{cases} \theta_{up} = \beta_c + \arcsin R\theta_{up}/R \\ \theta_{low} = \beta_c \end{cases}, \quad i = \begin{cases} 1, & \text{凸曲面} \\ -1, & \text{凹曲面} \end{cases} \tag{2-24}$$

当 β_c 一定时，切入位置相同，则 ρ_θ 越大实际切削半径越大，θ_{up} 和 θ_{low} 的差值越大，轴向切触区越大。因此，三轴机床铣削定曲率工件，当切削条件相同时，不同刀具路径轴向切触区大小不变，切削载荷大小变化平稳，但在刀具和工件接触区空间位置不同（载荷作用点不同），刀具受力方向发生变化。

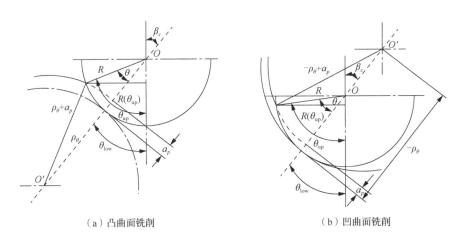

（a）凸曲面铣削　　　　　　　　　（b）凹曲面铣削

图 2-6　曲面铣削轴向位置角示意图

2.2.2 进给方向曲面曲率对水平切触角的影响

根据上文分析可知，水平切削位置角需要考虑进给方向曲率半径 ρ_φ 的影响，如图 2-7 所示。ρ_φ 影响刀工接触区的径向切入角 φ_{st} 和切出角 φ_{ex}，进而决定任意刀齿的水平切触角 φ 的大小。

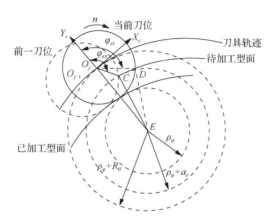

图 2-7　凸曲面径向切入角和切出角

其中，$O_{j-1}O_j$ 的长度与前倾角 β_f 的变化量 $\Delta\beta_f$ 有关：

$$\left|O_{j-1}O_j\right| = \frac{V_f}{nN}\cos\frac{\Delta\beta_f}{2} \tag{2-25}$$

如图 2-7 所示，刀具中心位于 O_j 点时刀具运动方向的刀齿的径向切入角和切出角分别为 φ_{st} 和 φ_{ex}：

$$\begin{cases} \varphi_{st} = \pi - \arccos\left(\dfrac{R_\theta^2 + (\rho_\varphi i + R_\theta)^2 - (\rho_\varphi i + a_e)^2}{2R_\theta(\rho_\varphi i + R_\theta)}\right), \\ \varphi_{ex} = \pi \end{cases} \quad i = \begin{cases} 1 & \text{凸曲面} \\ -1 & \text{凹曲面} \end{cases} \tag{2-26}$$

进给方向曲率半径对水平切触角的影响如图 2-8 所示。

进给方向曲率半径 ρ_φ 决定刀具主运动方向的刀齿的径向切入角 φ_{st} 和切出角 φ_{ex}。当行距方向曲率半径和进给方向曲率半径相同时，凹曲面的水平切触角大于凸曲面的水平切触角。随着曲率半径的增大，凸曲面水平切触角逐渐增大，凹曲面水平切触角逐渐减小，且同时趋于同一值。ρ_φ 越大，切触区越大，每个刀齿参与切削的时间越长，其铣削力持续的时间越长。

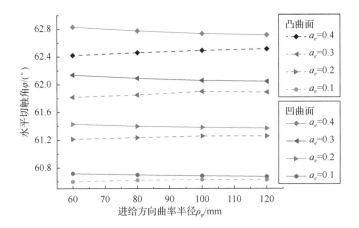

图 2-8　进给方向曲率半径对水平切触角的影响

2.2.3　前倾角和轴向切触角对刀工接触区的影响

三维刀工接触区是不规则的四面体结构，由当前刀具轨迹前一刃线切削产生的自由表面、当前刀具轨迹当前刃线切削产生的自由表面、上一刀具轨迹当前刃线切削形成的过渡表面和待加工表面围成，不同位置点的刀工接触区在工件坐标系平面的投影如图 2-9 所示。

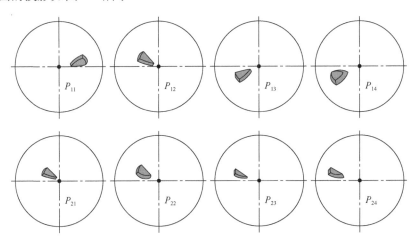

图 2-9　不同位置点的刀工接触区在工件坐标系平面的投影

图 2-9 中，在铣削路径 $L1(P_{11}, P_{12}, P_{13}, P_{14})$ 中，P_{14} 到 P_{11} 为凸曲面上坡再下坡

过程，随着主曲率的减小，刀工接触区体积也减小。前倾角从 π/4 到-π/4 逐渐减小，其切削层空间位置先由切削刃逐渐向刀尖移动再远离刀尖。进给方向和行距方向曲面越平缓，前倾角 β_f 和侧偏角 β_c 越接近零，切削位置越靠近刀尖。同理，由 P_{24} 到 P_{21} 为凸曲面上坡过程，前倾角和侧偏角变化不大，其位置变化不明显。

前倾角 β_f 和轴向切触角 θ 对未变形切屑厚度的影响如图 2-10 所示。当轴向切触角 θ 相同时，前倾角从-π/2～0 未变形切屑厚度逐渐增大，从 0～π/2 未变形切屑厚度逐渐减小，在 0° 时最大。当前倾角 β_f 相同时，轴向切触角 θ 越大，参与的切削刃接触长度越长，铣削力越大。当前倾角为零且轴向切触角为 π/2 时，未变切屑厚度最大为 f_z。

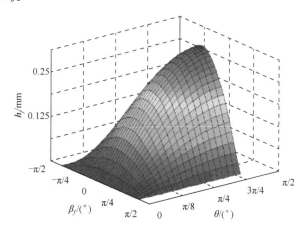

图 2-10　前倾角和轴向切触角对未变形切屑厚度的影响

2.2.4　三维摆线轨迹对未变形切屑厚度的影响规律

模具精加工通常采用球头铣刀侧刃铣削，铣削时，越靠近刀尖的切削刃离散微元实际切削半径越小 $[R(\theta)=R\sin\theta(z)]$，刀尖附近 $[\theta(z)\approx0]$ 实际切削半径远小于刀具的半径 $[R(\theta)=R\sin\theta(z)\ll R]$，进给量与实际切削半径的比值 $f/R(\theta)$ 为 0.1 左右，将刀齿运动轨迹近似为圆弧轨迹计算未变形切屑厚度，由此造成的未变形切屑厚度和切削力预测误差不可忽视。

切削刃有效切削半径为 1mm，f_z=0.1mm、0.15mm、0.2mm 和 0.25mm，瞬时切削转向角为 0～π时，考虑三维摆线轨迹与圆平移近似轨迹的未变形切屑厚度如图 2-11 所示。

当瞬时水平切削角为π/2 时，未变形切屑厚度为最大值，此时考虑三维摆线轨迹解算的实际未变形切屑厚度与圆平移近似轨迹解算的未变形切屑厚度没有误差，未变形切屑厚度等于每齿进给量，即 h_j=f_z；当瞬时水平切削角小于π/2 时，圆平移近似轨迹的未变形切屑厚度比三维摆线轨迹的未变形切屑厚度大；当瞬时水平切削角大于π/2 时，圆平移近似轨迹的未变形切屑厚度比三维摆线轨迹的未变形切屑厚度小。刀具切出位置的误差大于切入位置的误差。随着每齿进给量的增大，圆平移近似轨迹的未变形切屑厚度与三维摆线轨迹的未变形切屑厚度误差增大。

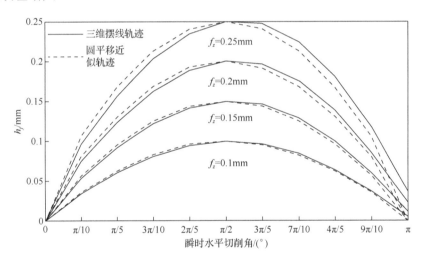

图 2-11　三维摆线轨迹的未变形切屑厚度与圆平移近似轨迹的未变形切屑厚度对比

当 f_z=0.1mm 时，沿切削刃取三个切削微元，微元的实际切削半径 r=1mm、0.7mm、0.4mm，三维摆线轨迹和圆平移近似轨迹的未变形切屑厚度差δh_j如图 2-12 所示。随着实际切削半径的减小，圆平移近似轨迹未变形切屑厚度与三维摆线轨迹未变形切屑厚度差δh_j增大，说明距离刀尖越近，圆平移近似轨迹未变形切屑厚度的误差越大。当每齿进给量和实际切削半径的比值大于 0.25 时，侧切的误差急剧增大。

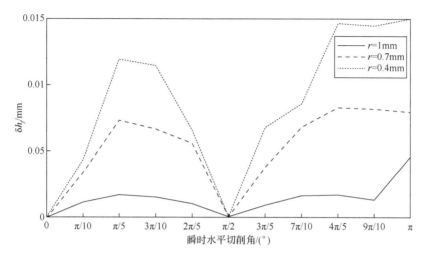

图 2-12 三维摆线轨迹和圆平移近似轨迹的未变形切屑厚度对比

2.3 球头铣刀铣削自由曲面铣削力预测模型

2.3.1 球头铣刀铣削自由曲面未变形切屑厚度建模

铣削过程中，铣刀存在转动和平移运动，因此其切削刃的切削轨迹为三维摆线。刀工接触区可定义为一种以当前刀刃回转包络面为底面、以三个已加工表面为侧面的具有非规则特征的四面体结构。切削刃 j 上任意一点可以通过切削刃上任意一点轴向位置角 $\theta_j(z)$ 和水平转向角 $\varphi_j(t)$ 确定，则对于任意切削刃 j，在任意时刻的未变形切屑厚度记为 $h_j(\theta, \varphi_j)$，对于切削刃 j 上任意一点 P_j 在 t 时刻的切屑厚度可以通过向量的形式表示为 $|P_{j-1}P_j|$，如图 2-13 所示。

O_jP_j 为当前球心位于 O_j 点时，切削刃上任意点的向量，$O_{j-1}P_{j-1}$ 为当前球心位于 O_{j-1} 点时，切削刃上任意点的向量，$O_{j-1}P_j$ 为刀具进给方向向量，则

$$O_jP_{j-1} = O_jP_j - h_j(\theta, \varphi)V_j \qquad (2-27)$$

式中，V_j 为当前切削刃包络面切削刃局部的单位法向量。

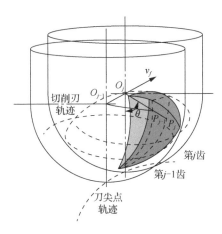

图 2-13　三维摆线模型

$$V_j = \begin{bmatrix} \sin\theta_j(z)\cos\varphi_j(t) \\ \sin\theta_j(z)\sin\varphi_j(t) \\ 1-\cos\theta_j(z) \end{bmatrix} \qquad (2\text{-}28)$$

球面上近似为 O_jP_j 的单位向量为

$$O_jP_j = \begin{bmatrix} R\cdot\sin\theta_j(z)\cos\varphi_j(t) \\ R\cdot\sin\theta_j(z)\sin\varphi_j(t) \\ R\cdot(1-\cos\theta_j(z)) \end{bmatrix} \qquad (2\text{-}29)$$

则

$$h_j(\theta,\varphi) = (V_j, O_jP_j) - (V_j, O_jP_{j-1})$$

$$= R + \begin{bmatrix} \sin\theta_j(z)\cos\varphi_j(t) \\ \sin\theta_j(z)\cos\varphi_j(t) \\ 1-\cos\theta_j(z) \end{bmatrix}^{\mathrm{T}} \left(T_f\cdot O_{j-1}O_j - T_j \begin{bmatrix} R\sin\theta_j(z)\cos\varphi_j(t) \\ R\sin\theta_j(z)\sin\varphi_j(t) \\ R(1-\cos\theta_j(z)) \end{bmatrix} \right)$$

$$(2\text{-}30)$$

式中，T_f 和 T_j 分别为刀具轨迹 $O_{j-1}O_j$ 和刀具坐标系相对于工件坐标系的转换矩阵。

2.3.2　球头铣刀铣削自由曲面铣削力仿真

球头铣刀切削刃离散化示意图及受力分析如图 2-14 所示。基于文献[1]的铣削

力模型和切削刃离散单元化的方法，可得切削刃上离散的任意微元切向力、径向力和轴向力分别为

$$\begin{cases} \mathrm{d}F_t(j,\theta,\varphi) = K_{te}\mathrm{d}s + K_{tc}h_j(\theta,\varphi_j)\mathrm{d}b \\ \mathrm{d}F_r(j,\theta,\varphi) = K_{re}\mathrm{d}s + K_{rc}h_j(\theta,\varphi_j)\mathrm{d}b \\ \mathrm{d}F_a(j,\theta,\varphi) = K_{ae}\mathrm{d}s + K_{ac}h_j(\theta,\varphi_j)\mathrm{d}b \end{cases} \quad (2\text{-}31)$$

式中，K_{te}、K_{tc}、K_{re}、K_{rc}、K_{ae} 和 K_{ac} 分别为切向、径向和轴向的剪切力铣削力系数和犁耕力铣削力系数。

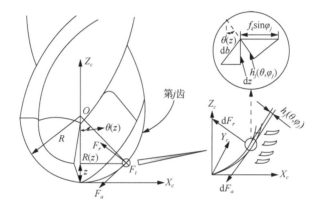

图 2-14　球头铣刀切削刃离散化示意图及受力分析

铣削力积分形式如下所示：

$$\begin{cases} F_x = \sum_{j=1}^{N} \int_{\theta_{\text{down}}}^{\theta_{\text{up}}} \int_{\varphi_{ex}}^{\varphi_{st}} \mathrm{d}F_t(j,\theta,\varphi_j) \\ F_y = \sum_{j=1}^{N} \int_{\theta_{\text{down}}}^{\theta_{\text{up}}} \int_{\varphi_{ex}}^{\varphi_{st}} \mathrm{d}F_r(j,\theta,\varphi_j) \\ F_z = \sum_{j=1}^{N} \int_{\theta_{\text{down}}}^{\theta_{\text{up}}} \int_{\varphi_{ex}}^{\varphi_{st}} \mathrm{d}F_a(j,\theta,\varphi_j) \end{cases} \quad (2\text{-}32)$$

铣削力系数是预测切削力与稳定性的重要参数，以往研究通常基于槽铣削实验测定铣削力，槽铣削时径向切触角为π，与实际切削时的径向切触角（小于π或小于π/2）不一致。尤其对于球头曲面铣削，球头铣刀铣削曲面的刀工切触区不断变化，传统方法会引起球头铣削力估计误差。为此，Wojciechowski 等[4,5]提出了考虑倾角的铣削力系数预测模型，并以瞬态切削力作为输入数据。由此，获得前倾角对铣削力系数的影响，如图 2-15 所示，铣削力仿真中的铣削力系数根据不同

铣削位置的前倾角确定。

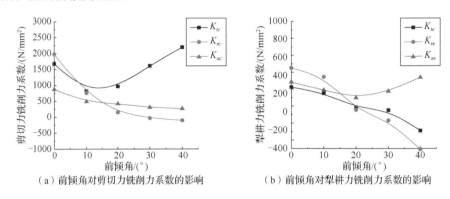

（a）前倾角对剪切力铣削力系数的影响　　　　（b）前倾角对犁耕力铣削力系数的影响

图 2-15　刀具前倾角对铣削系数的影响

基于上述微元球头铣刀铣削力模型，采用 MATLAB 对三维铣削力进行仿真，仿真流程如图 2-16 所示。

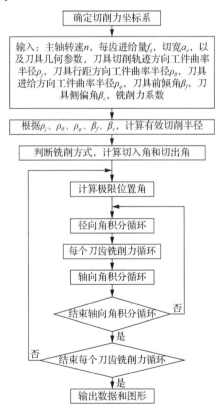

图 2-16　球头铣刀铣削力仿真流程图

2.4　球头铣刀铣削自由曲面淬硬钢模具铣削力实验

设自由曲面淬硬钢试件表面为自由抛物面 S：$r=r(u,v)$，其参数方程为

$$\begin{cases} x = 4v^2 + 55v - 60 \\ y = 10u^2 - 68u \\ z = 6u^2v^2 + 6u^2v - 4uv^2 + 5u^2 - 40v^2 + 24uv - 25u + 5v + 30 \end{cases} \qquad (2\text{-}33)$$

式中，u、v 为曲面的向量函数。曲面上任意点的弯曲程度可用高斯曲率 K 表示：

$$K = k_1 k_2 \qquad (2\text{-}34)$$

$$k_1 = \frac{20x_v z_u - z_{uu} y_u x_v}{(y_u^2 + z_u^2)\sqrt{(y_u^2 + z_u^2)(x_v^2 + z_v^2) - z_u^2 z_v^2}} \qquad (2\text{-}35)$$

$$k_2 = \frac{8y_u z_v - z_{vv} y_u x_v}{(x_v^2 + z_v^2)\sqrt{(y_u^2 + z_u^2)(x_v^2 + z_v^2) - z_u^2 z_v^2}} \qquad (2\text{-}36)$$

式中，k_1 和 k_2 分别为该自由曲面上任意点法曲率的最小值和最大值；y_u 为曲面向量 r 对 u 一阶偏导的 y 向值；z_u 为曲面向量 r 对 u 一阶偏导的 z 向值；x_v 为曲面向量 r 对 v 一阶偏导的 x 向值；z_v 为曲面向量 r 对 v 一阶偏导的 z 向值；z_{uu}、z_{vv} 为曲面向量 r 对 u、v 二阶偏导的 z 向值。

该淬硬钢试件的自由曲面曲率及铣削路径分布如图 2-17 所示。其中，$x\in$ (0mm, 60mm)，$y\in$ (0mm, 60mm)，$z\in$ (0mm, 40mm)。图 2-17 中二次自由曲面采用两条不同的铣削路径 $L1(P_{11}, P_{12}, P_{13}, P_{14})$ 和 $L2(P_{21}, P_{22}, P_{23}, P_{24})$，并基于高斯曲率划分曲面曲率分布，每条铣削路径上取四个刀具-工件接触位置。

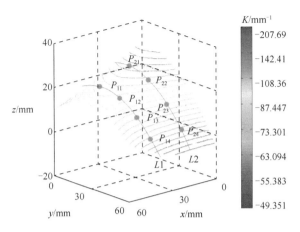

图 2-17　自由曲面曲率及铣削路径分布

图例中的负号表示方向

　　自由曲面铣削实验采用三轴立式加工中心 VDL-1000E，刀具选用戴杰二刃整体硬质合金球头立铣刀，型号为 DV-OCSB2100-L140，直径为 10mm，螺旋角为 30°，铣削工件材料为 Cr12MoV，其淬火硬度为 58HRC。切削实验采用奇石乐测力仪（型号为 Kistler 9257B）和 PCB 加速度传感器（灵敏度为 10.42mV/g）分别测试切削力和切削振动。同时采用 Kistler 5007 型电荷放大器和东华 DH5922 信号采集分析系统进行信号处理和数据采集分析。自由曲面铣削实验平台如图 2-18 所示。自由曲面淬硬钢模具铣削通常采用小轴向铣削浓度、小切宽和小进给的切削参数，实验过程中 PCB 加速度传感器所测得的振动幅值小于 3m/s^2，切削平稳。

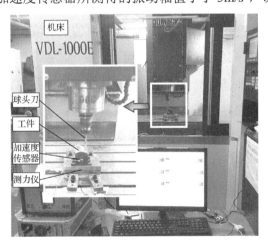

图 2-18　自由曲面铣削实验平台

采用顺铣切削方式，以主轴转速为 4000r/min、进给速度为 800mm/min、轴向铣削深度为 0.3mm、铣削宽度为 0.3mm 的工艺参数进行淬硬钢试件铣削。铣削路径如图 2-17 所示，分别为 $L1(P_{11}, P_{12}, P_{13}, P_{14})$ 和 $L2(P_{21}, P_{22}, P_{23}, P_{24})$，瞬时铣削力测试与仿真结果如图 2-19、图 2-20 所示。

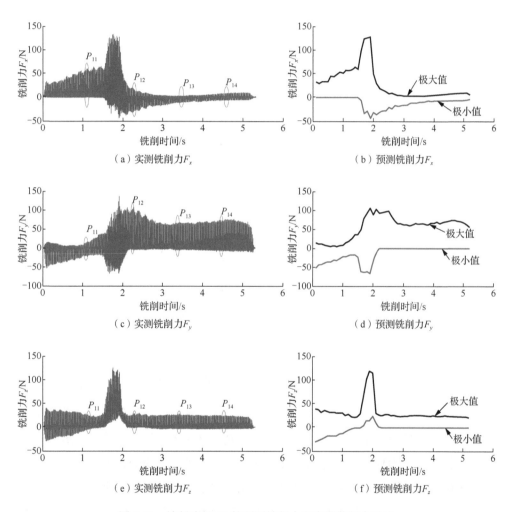

图 2-19　铣削路径 $L1$ 的预测铣削力和实测铣削力对比

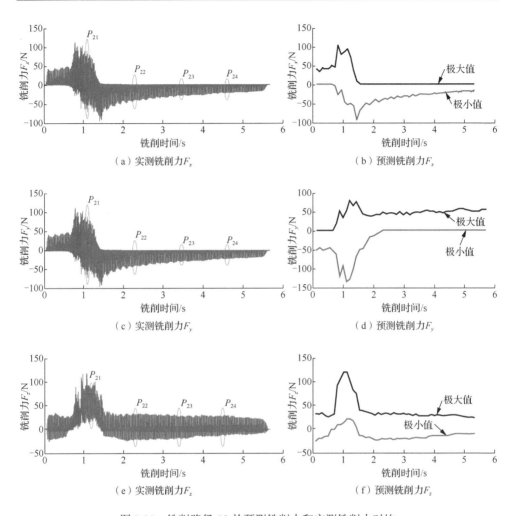

图 2-20　铣削路径 $L2$ 的预测铣削力和实测铣削力对比

如图 2-19、图 2-20 所示，铣削路径 $L1$ 和 $L2$ 实测值和预测值在整个轮廓基本相似。在工件最高点位置（P_{11}、P_{12} 之间和 P_{21}、P_{22} 之间）时，前倾角 β_f 为零，同时工件自由曲面曲率半径趋近于无穷大，此时水平切触角 φ 和未变形切屑厚度 $h(\theta,\varphi)$ 最大，这样 X、Y 和 Z 向铣削力均出现峰值，且刀具在一个回转周期内轴向（Z 向）力为正。工件最高点位置两侧的铣削力由于受前倾角和侧偏角的影响，X、Y 和 Z 向铣削力减小。由于球头铣刀沿着 Y 向进给，刀具前倾角由 $-\pi/2 \sim 0$，再由 $0 \sim \pi/2$ 变化，直接影响刀工接触区相对于刀具轴线的水平切触角和轴向切触角的位置，导致铣削力在 Y 向的分量 F_y 的方向改变。同时，刀具侧偏角由 $\pi/2 \sim 0$，

再由 $0 \sim -\pi/2$ 变化，直接影响刀工接触区相对于刀具轴线的水平切触角和轴向切触角的位置，导致铣削力在 X 向的分量 F_x 的方向改变。铣削路径 $L1$ 中 P_{11}、P_{12}、P_{13} 和 P_{14} 四个位置点的球头铣刀单转（一个切削周期）铣削力仿真如图 2-21 所示，铣削路径 $L2$ 中 P_{21}、P_{22}、P_{23} 和 P_{24} 四个位置点的球头铣刀单转（一个切削周期）铣削力仿真如图 2-22 所示。

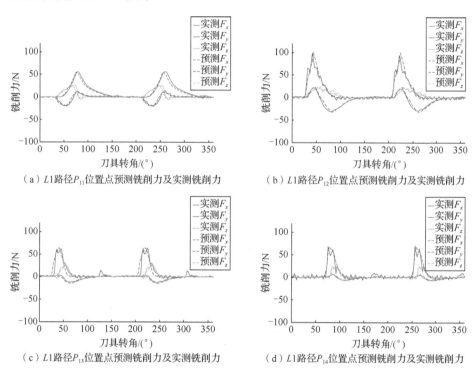

（a）$L1$ 路径 P_{11} 位置点预测铣削力及实测铣削力

（b）$L1$ 路径 P_{12} 位置点预测铣削力及实测铣削力

（c）$L1$ 路径 P_{13} 位置点预测铣削力及实测铣削力

（d）$L1$ 路径 P_{14} 位置点预测铣削力及实测铣削力

图 2-21　铣削路径 $L1$ 中四个位置点的预测铣削力及实测铣削力比较

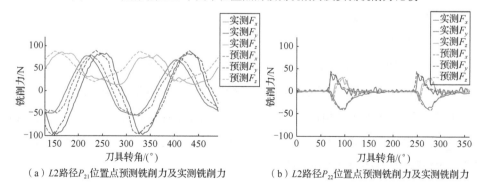

（a）$L2$ 路径 P_{21} 位置点预测铣削力及实测铣削力

（b）$L2$ 路径 P_{22} 位置点预测铣削力及实测铣削力

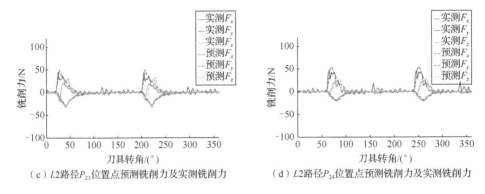

（c）L2路径P_{23}位置点预测铣削力及实测铣削力　　　（d）L2路径P_{24}位置点预测铣削力及实测铣削力

图2-22　铣削路径L2中四个位置点的预测铣削力及实测铣削力比较

当铣削路径为L1时，工件凸曲面刀具经历由上坡到下坡的过程，选取P_{11}、P_{12}、P_{13}和P_{14}四个位置点，在从P_{11}、P_{12}、P_{13}，最后到P_{14}铣削过程中，刀具的侧偏角、前倾角由负到正，分别引起X向和Y向铣削力的方向改变，而Z向铣削力一直为正，方向不变。P_{11}位置点X向的铣削力F_x明显大于Y向和Z向铣削力，此时侧偏角较大，为球头铣刀侧铣切削，X向分力增加。P_{12}、P_{13}和P_{14}进给方向分力F_y明显增大，切削层位置更靠近进给方向（Y轴方向）。

当铣削路径为L2时，刀具经历从最高点下坡的过程，在P_{21}位置采样点时，刀具前倾角和侧偏角均接近于零，此时球头铣刀刀尖点参与切削，因此水平切触角大于齿间角，所以该位置的X、Y和Z向铣削力没有等于零的时刻。相同切削条件下由于P_{21}位置点上的刀具水平切触角大于P_{22}、P_{23}和P_{24}上的刀具水平切触角，相比较在一个切削周期内其铣削力所持续时间较长。P_{22}、P_{23}和P_{24}位置点上的曲率特征、刀具前倾角和侧偏角变化不大，所以刀工接触区的空间位置变化不明显，未变形切屑厚度也基本相等，三个位置点的X、Y和Z向铣削力变化趋势一致、大小相近。

相比于铣削路径L1的P_{12}、P_{13}和P_{14}位置点，铣削路径L2的P_{22}、P_{23}和P_{24}位置点上的刀具侧偏角和行距方向曲率半径增大，轴向切触角的范围增大。同时，由于球头铣刀存在螺旋升角，任意刀齿在一个切削周期内轴向力方向会产生变化，即Z向铣削力出现正负变化，波动范围增大。铣削路径上不同位置点的瞬时最大铣削力的预测误差如表2-1所示[6]。

表 2-1　铣削路径上不同位置点的瞬时最大铣削力预测误差

位置点编号	进给方向曲率半径 ρ_φ/mm	行距方向曲率半径 ρ_θ/mm	前倾角 β_f/(°)	侧偏角 β_c/(°)	体积/mm³	瞬时最大铣削力预测误差/%		
						X 向	Y 向	Z 向
P_{11}	50804.74	9556.82	−25.07	+9.45	0.02557	3.38	0.49	2.81
P_{12}	65326.48	13983.45	+10.45	+0.32	0.03052	3.21	1.00	0.73
P_{13}	83409.61	19296.73	+16.01	−9.95	0.04052	2.88	1.42	3.18
P_{14}	104557.72	26208.60	+28.40	−19.98	0.04242	4.10	3.07	1.70
P_{21}	61578.28	11459.10	+2.84	+4.25	0.02462	8.40	11.55	10.97
P_{22}	79441.94	16421.10	+18.51	+8.98	0.02227	4.26	6.85	2.83
P_{23}	101732.35	22599.78	+31.39	+3.27	0.03276	4.98	7.39	6.55
P_{24}	127847.62	30628.56	+41.14	−2.43	0.03966	6.40	4.53	5.23

　　实验发现，铣削路径 L2 上的 P_{21} 位置点 Y 向和 Z 向铣削力的波峰位置出现偏移，铣削力预测值大于铣削力实测值，Y 向和 Z 向瞬时最大铣削力预测误差都接近 12%。其主要原因为未考虑淬硬钢切削过程中球头铣刀变形的影响，曲面铣削时球头铣刀变形会造成单位切削周期金属去除量减少，使预测模型中未变形切屑厚度大于实际切削中的未变形切屑厚度，导致铣削力预测值大于铣削力实测值。当加工位置处于自由曲面的顶部 P_{21} 时，刀具前倾角几乎为零，切削区域为球头铣刀尖附近，可能存在划擦现象，对预测误差影响较大。而其他三个子图处于自由曲面的下降部位（刀具前倾角不为零），切削区域为刀具侧刃部分，为球头铣刀适宜加工区域，刀工接触区预测相对准确，则瞬时最大铣削力预测相对准确。排除铣削路径 L2 上的 P_{21} 位置点，其他位置点平稳切削时，瞬时最大切削力实测值和预测值误差在 0.49%～7.39%，铣削路径上各位置点的瞬时最大铣削力预测误差在 12% 以内。

2.5　本　章　小　结

（1）表征了自由曲面球头铣削加工特征，主要包括：进给方向曲率、行距方向曲率、刀具路径方向曲率、刀具前倾角和侧偏角。建立了考虑加工特征的刀齿三维摆线轨迹模型。

（2）利用解析法，建立了考虑自由曲面曲率的轴向切触角 θ 和径向切触角 φ 的数学模型。自由曲面的行距方向 ρ_θ 越大，实际切削半径越大，轴向切触区越大；进给方向曲率半径 ρ_φ 越大，径向切触区越大，每齿切触的轨迹及时间越长，其铣削力持续的时间越长。

（3）分析了刀齿三维摆线轨迹对未变形切屑厚度的影响规律，距离刀尖不同位置的切削刃微元实际切削半径不同，距离刀尖越近的微元，每齿进给量与实际切削半径的比率越大，当比率大于 0.25 时，三维摆线轨迹对未变形切屑厚度的影响急剧增加。

（4）以切削刃微元轴向位置角 $\theta(z)$ 和刀具前倾角 β_f 作为未变形切屑厚度模型的参数，研究了刀具轴向切触角和前倾角对未变形切屑厚度的影响规律，分析了前倾角对铣削力系数的影响规律。

（5）淬硬钢模型曲面的铣削实验的结果表明，本部分提出的方法能够很好地预测自由曲面加工中的铣削力幅值及其变化趋势，在平稳切削时，瞬时最大铣削力预测的误差值在 12% 以内。

参 考 文 献

[1] Lee P, Altintas Y. Prediction of ball-end milling forces from orthogonal cutting data[J]. International Journal of Machine Tools and Manufacture, 1996, 36(9): 1059-1072.

[2] Ikua B W, Tanaka H, Obata F, et al. Prediction of cutting forces and machining error in ball end milling of curved surfaces-I theoretical analysis[J]. Precision Engineering, 2001, 25(4): 266-273.

[3] Yang Y, Zhang W H, Wan M, et al. A solid trimming method to extract cutter-workpiece engagement maps for multi-axis milling[J]. The International Journal of Advanced Manufacturing Technology, 2013, 68(9): 2801-2813.

[4] Wojciechowski S, Maruda R W, Nieslony P, et al. Investigation on the edge forces in ball end milling of inclined surfaces[J]. International Journal of Mechanical Sciences, 2016, 119: 360-369.

[5] Wojciechowski S. The estimation of cutting forces and specific force coefficients during finishing ball end milling of inclined surfaces[J]. International Journal of Machine Tools and Manufacture, 2015, 89: 110-123.

[6] 吴石, 杨琳, 刘献礼, 等. 覆盖件模具曲面曲率特征对球头刀铣削力的影响[J]. 机械工程学报, 2017, 53(13): 188-198.

第 3 章　考虑刀工接触区变形的曲面模具铣削力研究

模具铣削过程中，球头铣刀刀具轴线与工件曲面的法向不重合，球头铣削工艺系统呈弱刚性，因此被视为柔性体。由于模具不同，切削区域曲面曲率和加工倾角不同，主轴、刀柄、刀具和工件整体工艺系统的动刚度不同[1]。为满足模具加工的高精度要求，球头铣削中工艺系统在铣削力作用下的偏摆必须加以考虑[2-4]。工艺系统的偏摆对切削的影响体现在刀具偏心上，通常可以通过两个参数描述，即刀具偏摆量和刀具变形初始角[5-10]。刀具偏摆量和刀具变形初始角直接影响刀工接触关系，进而引起铣削力的变化。

首先，分析切削载荷对刀具偏摆量和变形初始角的影响规律，建立考虑切削刃离散微元变形的刀齿三维摆线运动方程。然后，研究切削刃离散微元变形对未变形切屑厚度的影响规律，修正瞬态切削力模型，获得刀工接触区变形的球头铣削力模型。最后，进行凸曲面模具铣削加工实验，验证考虑刀工接触变形的瞬态铣削力预测模型的准确性，刀工接触关系变形预测有利于自由曲面铣削误差的预报和补偿。

3.1　球头铣削刀具偏摆对切削刃离散微元的影响

3.1.1　球头铣刀偏摆仿真

对刀具直径为 10mm 的整体硬质合金球头铣刀进行结构静力学分析，首先导入 x_t 格式刀具模型，材料属性设定为：密度 14990kg/m³，杨氏模量 600GPa，抗拉强度 1450MPa，泊松比 0.28。整体硬质合金球头铣刀有限元仿真的边界条件主要包含约束和载荷两部分，其中约束包括：施加在刀杆端面的位移约束和施加在刀杆柱面的圆柱面约束。载荷包括切削力载荷（force）和旋转载荷（rotational velocity）。首先在前刀面创建表面效应单元，然后施加随时间变化的分步载荷。

模型网格划分是决定有限元仿真准确性和效率的关键因素。刀具刀杆部分是规则的界面，因此首先采用扫掠（sweep）划分，网格单元为规则六面体单元，不但能减少奇异点的产生，保证计算精度，也能实现对模型单元数量的控制；球头部分形状复杂，结构突变较多，采用局部四面体网格划分（patch conforming），该方法能够考虑小的边和面。刀杆及球头部分局部划分网格如图 3-1 所示。对于切削刃，还需要进行网格细化（refinement），如图 3-2 所示。

图 3-1　刀杆及球头部分局部划分网格

图 3-2　切削刃网格细化

3.1.2　切削刃离散位置变形分析

三轴模具球头铣削中，球头铣刀相对于工件呈弱刚性，由有限元仿真可知，精加工过程中刀具最大变形量在 $1\sim50\mu m$。因此在切削过程中，球头铣刀变形量对未变形切屑厚度及刀具切削刃实际运动轨迹的影响不可忽视。球头铣刀切削刃不同离散位置变形示意图如图 3-3 所示。将刀具变形后的回转中心与机床主轴回转中心间的距离定义为刀具变形量 δR_{e0}，δR_{ei} 为切削刃不同离散位置的变形量，其中，$i=1, 2, \cdots, n$。$\delta\theta$ 为刀具变形的轴向角。当指定切削刃（第一齿）轴向位置角 $\theta(z)=0$ 处和机床主轴回转中心的连线与 Y 轴正方向一致时，刀具变形方向沿逆时针与 Y 轴正向夹角 $\delta\varphi_0$ 定义为刀具变形初始角。

$$\delta\varphi_0 = \arctan\left(\frac{x_{o'} - x_o}{y_{o'} - y_o}\right) \tag{3-1}$$

式中，$x_{o'} - x_o$，$y_{o'} - y_o$ 分别为刀具偏摆后 X 向和 Y 向坐标变化量。

当刀具加工前倾角在 10°~30°变化时，进行 ANSYS 有限元静力学变形仿真分析，从刀尖点开始沿切削刃均匀取 5 个位置，每个位置轴向位置角间隔 15°，5 个位置的变形量依次记为$\delta R_{e0}, \delta R_{e1}, \cdots, \delta R_{e4}$，当切削载荷相同时，变形量仿真数据如表 3-1 所示。

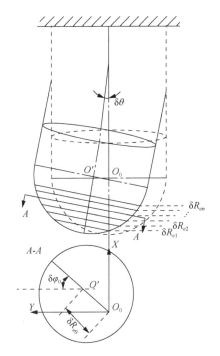

图 3-3　球头铣刀切削刃不同离散位置变形

表 3-1　不同前倾角时切削刃离散位置变形量

刀具前倾角/(°)	变形量/μm				
	δR_{e0}	δR_{e1}	δR_{e2}	δR_{e3}	δR_{e4}
10	10.67	10.54	10.41	9.87	9.34
16	12.10	11.96	11.81	11.33	10.87
22	15.76	15.62	15.59	14.19	14.91
30	21.01	20.99	20.79	20.43	20.08

当切削载荷一定时，随着前倾角增大，各个离散位置刀具变形量增加。切削

刃离散位置越靠近刀尖,变形量越大,远离刀尖则变形量减小,不同前倾角时趋势变化一致。

3.2 考虑球头铣刀变形的未变形切屑厚度模型

3.2.1 考虑球头铣刀变形的刀齿三维摆线轨迹

在工件空间惯性坐标系中,刀具变形引起刀具局部坐标系与主轴回转坐标系产生偏角和位移,引入刀具局部坐标系 O_3-$X_3Y_3Z_3$,它是主轴回转坐标系 O_2-$X_2Y_2Z_2$ 进行平移变换而来的,如图 3-4 所示。基于前文刀齿三维摆线运动轨迹分析,考虑球头铣刀变形的任意刀齿上任意切削刃离散点需要经历由刀齿局部坐标系 O_3-$X_jY_jZ_3$—刀具局部坐标系 O_3-$X_3Y_3Z_3$—主轴回转坐标系 O_2-$X_2Y_2Z_2$—主轴进给坐标系 O_1-$X_1Y_1Z_1$—工件空间惯性参考系 O_0-$X_0Y_0Z_0$ 四次坐标变换,四次坐标变换矩阵分别为 $T_{1\text{-}0}(f_x, f_y, f_z, t)$、$T_{2\text{-}1}(\omega, t)$、$T_{3\text{-}2}(\delta R_{e0}, \delta\varphi_0)$ 和 $T_{j\text{-}3}(\varphi_j)$。

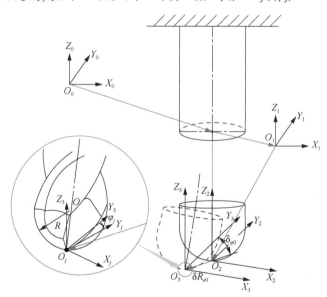

图 3-4 考虑刀具变形的切削刃轨迹坐标系

在主轴回转坐标系 O_2-$X_2Y_2Z_2$ 中,刀具局部坐标系 O_3-$X_3Y_3Z_3$ 的 O_3Y_3 轴的正

方向与 O_2Y_2 轴的正方向一致，由于刀具变形 O_3 与 O_2 呈现平移运动关系，刀尖位移为 δR_{e0}，则主轴回转坐标系 O_2-$X_2Y_2Z_2$ 中，第 j 齿切削刃的参数方程可以由刀具局部坐标系 O_3-$X_3Y_3Z_3$ 通过平移变换获得，如下：

$$\begin{bmatrix} x_2 & y_2 & z_2 & 1 \end{bmatrix}^{\mathrm{T}} = T_{3\text{-}2}\left(\delta R_{e0}, \delta\varphi_0\right)\begin{bmatrix} x_3 & y_3 & z_3 & 1 \end{bmatrix}^{\mathrm{T}} \tag{3-2}$$

式中，

$$T_{3\text{-}2}\left(\delta R_{e0}, \delta\varphi_0\right) = \begin{bmatrix} 1 & 0 & 0 & \delta R_{e0}\sin\delta\varphi_0 \\ 0 & 1 & 0 & \delta R_{e0}\cos\delta\varphi_0 \\ 0 & 0 & 1 & 0 \\ 0 & 0 & 0 & 1 \end{bmatrix} \tag{3-3}$$

从第 j 齿切削刃局部坐标系到工件空间惯性参考系的总变换矩阵为

$$T_{\delta} = T_{1\text{-}0}\left(f_x, f_y, f_z, t\right) T_{2\text{-}1}\left(\omega, t\right) T_{3\text{-}2}\left(\delta R_{e0}, \delta\varphi_0\right) T_{j\text{-}3}\left(\phi_j\right) \tag{3-4}$$

式中，

$$T_{j\text{-}3}\left(\phi_j\right) = T_{j\text{-}2}\left(\phi_j\right) = \begin{bmatrix} \cos\phi_j & \sin\phi_j & 0 & 0 \\ -\sin\phi_j & \cos\phi_j & 0 & 0 \\ 0 & 0 & 1 & 0 \\ 0 & 0 & 0 & 1 \end{bmatrix} \tag{3-5}$$

将式（2-10）、式（2-14）、式（2-16）、式（3-3）和式（3-5）代入式（3-4），推导得

$$T_{\delta} = \begin{bmatrix} \cos(\omega t+\phi_j) & \sin(\omega t+\phi_j) & 0 & \delta R_{e0}\sin(\omega t+\delta\varphi_0)+f_x t \\ -\sin(\omega t+\phi_j) & \cos(\omega t+\phi_j) & 0 & \delta R_{e0}\cos(\omega t+\delta\varphi_0)+f_y t \\ 0 & 0 & 1 & f_z t \\ 0 & 0 & 0 & 1 \end{bmatrix} \tag{3-6}$$

则第 j 齿切削刃参数方程在工件空间惯性参考系内的表达式为

$$\begin{bmatrix} x_0 & y_0 & z_0 & 1 \end{bmatrix}^{\mathrm{T}} = T_{\delta}\begin{bmatrix} x_j & y_j & z_j & 1 \end{bmatrix}^{\mathrm{T}} \tag{3-7}$$

考虑刀具变形的球头铣刀曲面铣削切削刃轨迹方程为

$$\begin{bmatrix} x_0 \\ y_0 \\ z_0 \\ 1 \end{bmatrix} = \begin{bmatrix} f_x t + R\sin\theta(z)\cos\big(\omega t + \phi_j - \mu\big) + \delta R_{e0}\sin(\omega t + \delta\varphi_0) \\ f_y t + R\sin\theta(z)\sin(\omega t + \phi_j - \mu) + \delta R_{e0}\cos(\omega t + \delta\varphi_0) \\ f_z t + R(1 - \cos\theta(z)) \\ 1 \end{bmatrix} \quad （3\text{-}8）$$

3.2.2　考虑切削区变形的未变形切屑厚度模型修正

综上所述，未变形切屑厚度模型需要同时考虑三维摆线轨迹和刀具变形。为简化曲面铣削切削刃轨迹模型，假设进给方向在 XOY 面的投影与 X 轴重合，即 $f_y=0$。以位置角 $\theta(z)=0$ 切削刃微元落在 Y 轴上的时刻为初始时刻，则 t 时刻位置角 $\theta(z)$ 处的切削刃离散微元运动轨迹为

$$\begin{cases} \begin{aligned} x(t,j,\theta(z)) &= f_x(t+\mu/\omega) + R\sin\theta(z)\cos\big(\omega(t+\mu/\omega)+\phi_j-\mu\big) \\ &\quad + \delta R_{e0}\sin(\omega(t+\mu/\omega)+\delta\varphi_0) \\ y(t,j,\theta(z)) &= R\sin\theta(z)\sin\big(\omega(t+\mu/\omega)+\phi_j-\mu\big) \\ &\quad + \delta R_{e0}\cos(\omega(t+\mu/\omega)+\delta\varphi_0) \\ z(t,j,\theta(z)) &= f_z(t+\mu/\omega) + R(1-\cos\theta(z)) \end{aligned} \end{cases} \quad （3\text{-}9）$$

忽略其中对未变形切屑厚度无影响的常数项，则位置角 $\theta(z)$ 处的切削刃离散微元运动轨迹简化为

$$\begin{cases} \begin{aligned} x(t,j,\theta(z)) &= f_x(t) + R\sin\theta(z)\cos(\omega t+\phi_j) \\ &\quad + \delta R_{e0}\sin(\omega t+\mu+\delta\varphi_0) \\ y(t,j,\theta(z)) &= R\sin\theta(z)\sin(\omega t+\phi_j) \\ &\quad + \delta R_{e0}\cos(\omega t+\mu+\delta\varphi_0) \\ z(t,j,\theta(z)) &= f_z t + R(1-\cos\theta(z)) \end{aligned} \end{cases} \quad （3\text{-}10）$$

则第 j-1 齿的刀齿运动轨迹为

$$\begin{cases} \begin{aligned} x(t',j-1,\theta(z)) &= f_x t' + R\sin\theta(z)\cos\omega t' + \phi_j(\omega t'+\phi_j) + \delta R_{e0}\sin(\omega t'+\mu+\delta\varphi_0) \\ y(t',j-1,\theta(z)) &= R\sin\theta(z)\sin(\omega t'+\phi_j) + \delta R_{e0}\cos(\omega t'+\mu+\delta\varphi_0) \\ z(t',j-1,\theta(z)) &= f_z t' + R(1-\cos\theta(z)) \end{aligned} \end{cases}$$

$$（3\text{-}11）$$

式中，t' 为满足共线的前一个切削刃轨迹周期时刻，$t'=t-2\pi/N\omega$。对于曲面铣削，不能忽略进给量在 z 向分量的影响，则当前切削刃轨迹点 P_{j-1} 的轴向位置角 $\theta_j(z)$ 与前一个切削刃轨迹点 P_{j-1} 的轴向位置角 $\theta_{j-1}(z)$ 有如下关系：

$$\begin{cases} f_z t + R(1-\cos\theta_j(z))=R(1-\cos\theta_{j-1}(z)), & 0<\beta_f<\pi/2 \\ f_z t + R(1-\cos\theta_{j-1}(z))=R(1-\cos\theta_j(z)), & -\pi/2<\beta_f<0 \end{cases} \tag{3-12}$$

两齿球头铣刀刀齿三维摆线轨迹示意图如图 3-5（a）所示，其中 j 齿在前，$j-1$ 齿在后。切削刃 $\theta(z_i)$ 位置离散微元在 XOY 面的轨迹如图 3-5（b）所示。

在相邻刀齿切削的过渡表面分别取一对切屑厚度控制点 P_{j-1}、P_j。则当前时刻，第 j 齿瞬时未变形切屑厚度为

$$h_j\left(t,\theta(z)\right)=\left|P_{j-1}P_j\right|=\sqrt{\left(x_{P_j}-x_{P_{j-1}}\right)^2+\left(y_{P_j}-y_{P_{j-1}}\right)^2}\sin\theta_j(z) \tag{3-13}$$

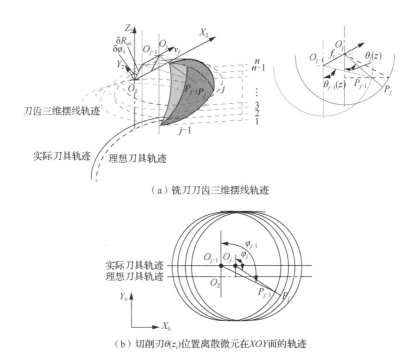

（a）铣刀刀齿三维摆线轨迹

（b）切削刃 $\theta(z_i)$ 位置离散微元在 XOY 面的轨迹

图 3-5　两齿球头铣刀考虑刀具变形的刀齿三维摆线轨迹示意图

计算瞬时未变形切屑厚度时，需要保证当前刀具中心 $O_j(x_{O_j}, y_{O_j})$ 与在相邻刀齿切削的切屑厚度控制点 P_{j-1}、P_j 共线，即满足如下方程：

$$\frac{x - x_{P_{j-1}}}{y - y_{P_{j-1}}} = \frac{x_{P_j} - x_{O_j}}{y_{P_j} - y_{O_j}} \tag{3-14}$$

式中，

$$\begin{cases} x_{O_j} = f_x t + \delta R_{e0} \sin(\omega t + \mu + \delta\varphi_0) \\ y_{O_j} = \delta R_{e0} \cos(\omega t + \mu + \delta\varphi_0) \end{cases} \tag{3-15}$$

$$\begin{cases} x = f_x t + R\sin\theta(z)\cos(\omega t + \pi) + \delta R_{e0}\sin(\omega t + \mu + \delta\varphi_0) \\ y = R\sin\theta(z)\sin(\omega t + \pi) + \delta R_{e0}\cos(\omega t + \mu + \delta\varphi_0) \end{cases} \tag{3-16}$$

$$\begin{aligned} y = {}& [x - f_x t - \delta R_{e0}\sin(\omega t + \mu + \delta\varphi_0)]\tan(\omega t + \pi) \\ & + \delta R_{e0}\cos(\omega t + \mu + \delta\varphi_0) \end{aligned} \tag{3-17}$$

由曲面铣削切削刃轨迹方程，得 P_{j-1} 齿切屑厚度控制点在 $\theta(z)$ 平面运动轨迹为

$$\begin{cases} x_{P_{j-1}} = f_x t' + R\sin\theta_{j-1}(z)\cos(\omega t') + \delta R_{e0}\sin(\omega t' + \mu + \delta\varphi_0) \\ y_{P_{j-1}} = R\sin\theta_{j-1}(z)\sin(\omega t') + \delta R_{e0}\cos(\omega t' + \mu + \delta\varphi_0) \end{cases} \tag{3-18}$$

$$\begin{aligned} & R\sin\theta_{j-1}(z)\sin(\omega t') + \delta R_{e0}\cos(\omega t' + \mu + \delta\varphi_0) \\ & - f_x t'\tan(\omega t + \pi) - R\sin\theta_{j-1}(z)\cos(\omega t')\tan(\omega t + \pi) \\ & - \delta R_{e0}\sin(\omega t' + \mu + \delta\varphi_0)\tan(\omega t + \pi) + f_x t\tan(\omega t + \pi) \\ & + \delta R_{e0}\sin(\omega t + \mu + \delta\varphi_0)\tan(\omega t + \pi) - \delta R_{e0}\cos(\omega t + \mu + \delta\varphi_0) = 0 \end{aligned} \tag{3-19}$$

$$\begin{aligned} h_j(t, \theta_j(z)) = {}& \Big(R + L\sin(\omega t + (j-1)\pi + \delta\varphi_0) \\ & - \sqrt{R^2 - L^2\cos^2(\omega t + (j-1)\pi + \delta\varphi_0)} \Big)\sin\theta_j(z) \end{aligned} \tag{3-20}$$

由于球头铣削沿切削刃不同位置（z_i）的切屑厚度不同，同时结合前文分析可知，球头铣削沿切削刃不同位置（z_i）的变形也不同，所以球头铣削切削刃任意离散位置的切屑厚度可以表示为

$$h_j\left(t,\theta_j\left(z_i\right)\right)=\left(R_i+L_i\sin\left(\omega t+(j-1)\pi+\delta\varphi_0\right)\right.$$
$$\left.-\sqrt{R_i^2-L_i^2\cos^2\left(\omega t+(j-1)\pi+\delta\varphi_0\right)}\right)\sin\theta_j\left(z_i\right) \tag{3-21}$$

式中，

$$L_i=\left|O_{i,j-1}O_{i,j}\right|=\sqrt{\left(x_{i,j}-x_{i,j-1}\right)^2+\left(y_{i,j}-y_{i,j-1}\right)^2}$$
$$=\left(\left(f_x t+\delta R_{ei}\sin(\omega t+\mu+\delta\varphi_0)-f_x t'+\delta R_{ei}\sin(\omega t'+\mu+\delta\varphi_0)\right)^2\right. \tag{3-22}$$
$$\left.+\left(\delta R_{ei}\cos(\omega t+\mu+\delta\varphi_0)-\delta R_{ei}\cos(\omega t'+\mu+\delta\varphi_0)\right)\right)^{\frac{1}{2}}$$

3.2.3 球头铣刀变形对未变形切屑厚度的影响规律

不考虑刀具变形时，铣刀任意齿的未变形切屑厚度相等，以两齿铣刀为例，每齿进给量 f_z 为 0.1mm 时，理想的未变形切屑厚度和考虑刀具变形的未变形切屑厚度如图 3-6 所示，变形量分别为 10.41μm 和 20.79μm。由图 3-6 可知，当两齿交替切削时，相邻两齿的理想未变形切屑厚度相等，在最大位置都等于 0.1mm，两齿未变形切屑厚度的和等于 0.2mm。考虑刀具变形时，相邻两齿未变形切屑厚度差异很大，在最大位置时与理想的未变形切屑厚度的差几乎等于刀具微元在该轴向切削角位置的变形量，但相邻两齿未变形切屑厚度的和仍然等于 0.2mm。未变形切屑厚度大的刀齿，水平切触角大于 180°，未变形切屑厚度小的刀齿，水平切触角小于 180°，这也说明两个刀齿切削时间不同。

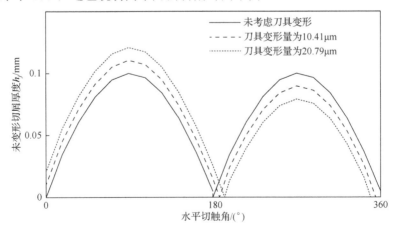

图 3-6　刀具变形对未变形切屑厚度的影响

3.3 考虑球头铣刀变形的刀工接触区分析及铣削力模型修正

3.3.1 切削层面积及铣削力模型修正

基于文献[11]的铣削力模型由剪切力和犁耕力构成，剪切力等于瞬时切削层面积乘以切削力系数，切削刃上离散微元的切削力可以表示为切削面积和切削刃长度的函数，则切削刃上离散的任意微元切向力、径向力和轴向力分别为

$$\begin{cases} \mathrm{d}F_t\left(j,\theta,\varphi\right)=K_{te}\mathrm{d}b+K_{tc}A_D\left(j,\theta,\varphi\right) \\ \mathrm{d}F_r\left(j,\theta,\varphi\right)=K_{re}\mathrm{d}b+K_{rc}A_D\left(j,\theta,\varphi\right) \\ \mathrm{d}F_a\left(j,\theta,\varphi\right)=K_{ae}\mathrm{d}b+K_{ac}A_D\left(j,\theta,\varphi\right) \end{cases} \tag{3-23}$$

式中，K_{te}、K_{tc}、K_{re}、K_{rc}、K_{ae} 和 K_{ac} 分别为切向、径向和轴向的剪切力铣削力系数和犁耕力铣削力系数；$\mathrm{d}b$ 为每一个切削刃微元所对应的铣削宽度，可以表示为

$$\mathrm{d}b=\frac{\mathrm{d}z}{\sin\left(\theta_j\left(z_i\right)\right)}=\frac{\mathrm{d}R\left(1-\cos\theta_j\left(z_i\right)\right)}{\sin\theta_j\left(z_i\right)}=R\mathrm{d}\theta_j\left(z_i\right) \tag{3-24}$$

未变形切屑厚度与铣削宽度的乘积为切削层面积 A_D，切削层面积如图 3-7 所示，则瞬时切削刃微元切削层面积为

$$\begin{aligned} A_D\left(j,\theta,\varphi\right)&=h_j\left(\theta_j\left(z_i\right),\varphi\right)\mathrm{d}b \\ &=\Big(R_i+L_i\sin\left(\omega t+\left(j-1\right)\pi+\delta\varphi_0\right) \\ &\quad-\sqrt{R_i^2-L_i^2\cos^2\left(\omega t+\left(j-1\right)\pi+\delta\varphi_0\right)}\Big)R\sin\theta_j\left(z_i\right)\mathrm{d}\theta_j\left(z_i\right) \end{aligned} \tag{3-25}$$

瞬时切削层面积为

$$
\begin{aligned}
A_D(j,\varphi) = \int_{\theta_{\mathrm{low}}}^{\theta_{\mathrm{up}}} \Big(& R_i + L_i \sin\big(\omega t + (j-1)\pi + \delta\varphi_0\big) \\
& - \sqrt{R_i^{\,2} - L_i^{\,2}\cos^2\big(\omega t + (j-1)\pi + \delta\varphi_0\big)} \Big) R\sin\theta_j(z_i)\,\mathrm{d}\theta_j(z_i)
\end{aligned}
\tag{3-26}
$$

式中，θ_{up} 和 θ_{low} 分别为切削刃离散微元的上下边界。

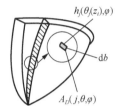

图 3-7　球头铣刀切削层面积

在工件空间惯性参考系，铣削力积分形式如下所示：

$$
\begin{cases}
F_x = \displaystyle\sum_{j=1}^{N}\int_{\theta_{\mathrm{down}}}^{\theta_{\mathrm{up}}}\int_{\varphi_{ex}}^{\varphi_{st}} \mathrm{d}F_t(j,\theta,\varphi) \\[3mm]
F_y = \displaystyle\sum_{j=1}^{N}\int_{\theta_{\mathrm{down}}}^{\theta_{\mathrm{up}}}\int_{\varphi_{ex}}^{\varphi_{st}} \mathrm{d}F_r(j,\theta,\varphi) \\[3mm]
F_z = \displaystyle\sum_{j=1}^{N}\int_{\theta_{\mathrm{down}}}^{\theta_{\mathrm{up}}}\int_{\varphi_{ex}}^{\varphi_{st}} \mathrm{d}F_a(j,\theta,\varphi)
\end{cases}
\tag{3-27}
$$

3.3.2　凸曲面模具刀工接触区仿真与分析

沿最大主曲率铣削定曲率工件，刀具前倾角由 18.8960°～−18.9491°变化，在铣削路径上取七个采样位置点，如图 3-8 所示。

图 3-8 中，位置点 1 到 7 为凸曲面上坡再下坡过程。七个位置点的刀工接触区仿真所采用的切削参数和球头铣刀参数如表 3-2 所示，不同位置点刀具前倾角及刀工接触区仿真结果如表 3-3 所示。由未考虑刀具变形的仿真可知，前倾角由18.8960°～−18.9491°变化时，刀工接触区的体积呈现先增大后减小的趋势，位置点 4 为前倾角为 0°的位置，刀工接触区体积最大，两端呈对称减小趋势。在±6°～

±12°刀工接触区体积较小，此时切削稳定性较好，到±18°附近由于刀具变形量增大，刀工接触区体积又增大，加工稳定性下降[12]。

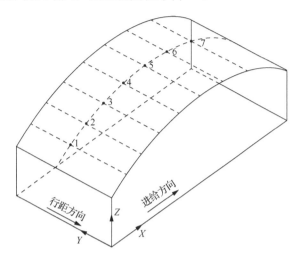

图 3-8　凸曲面模具及仿真位置点

表 3-2　切削参数和球头铣刀参数

切削参数				球头铣刀参数		
转速/(r/min)	轴向铣削深度/mm	切宽/mm	每齿进给量/mm	直径/mm	齿数	螺旋角/(°)
4000	0.3	0.3	0.1	10	2	30

表 3-3　不同位置点刀具前倾角及刀工接触区仿真结果

位置编号	刀工接触位置	前倾角/(°)	刀工接触体积/mm³
1		18.8960	0.009788
2		12.5885	0.008167
3		6.2810	0.008708

续表

位置编号	刀工接触位置	前倾角/(°)	刀工接触体积/mm³
4		0.026545	0.010004
5		−6.3340	0.009176
6		−12.6416	0.008859
7		−18.9491	0.009509

七个位置点刀工接触区的时空特性仿真结果如图 3-9、图 3-10 所示。

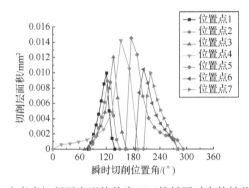

图 3-9　未考虑切削区变形的单齿刀工接触区时空特性仿真结果

图 3-9、图 3-10 中，横轴为瞬时切削位置角，用来揭示刀工接触区域的时间特征，纵轴为切削层面积，用来揭示刀工接触区域的空间特征。未考虑切削区变形的单齿刀工接触区时空特性仿真结果如图 3-9 所示，位置点 1～3 的切削区瞬时切削位置角在 0°～180°范围内，位置点 6～7 的切削区瞬时切削位置角在 180°～360°范围内，表明以上两组位置点的切削力方向相反。位置点 4～5 的切削区瞬时切削位置角在 180°两侧，表明刀齿切削周期内切削力既有正又有负，此时切削区变化复杂，给切削力预测带来一定的困难。

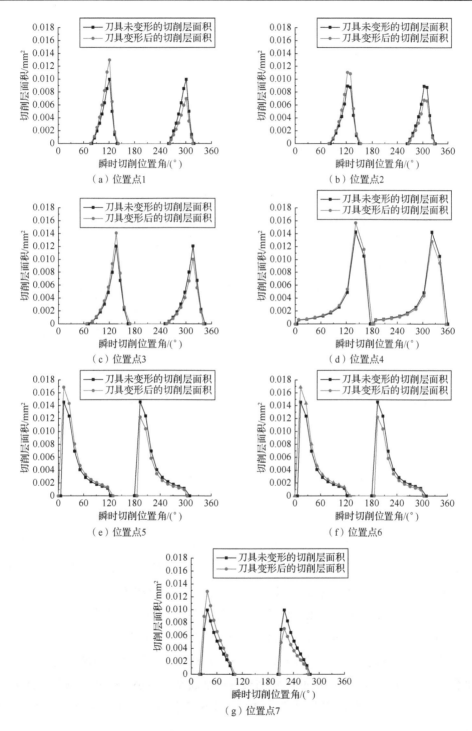

图 3-10　考虑刀具变形的两齿切削层面积仿真结果

　　由七个位置点的切削层面积变化规律来看，除了位置点 4，其余位置点的切削层面积变化均符合不对称顺铣的变化规律，由于位置点 4 的工件行距方向曲率为 0，同时前倾角为 0°，进给方向曲率近似于 0，因此位置点 4 接近于槽切，此时切削力变化最为复杂。位置点 4 和 5 的前倾角变化范围是 0°～-6°，此时切削层面积最大，切削力最大。对比七个位置点的切削层面积变化规律，凸曲面模具铣削顶端的切削力明显大于其他位置，顶点的两端呈不对称减小变化，铣削路径上升部分的切削力明显小于下降部分的切削力。

　　铣削路径上加工前倾角的变化使三维几何刀工接触区的空间位置产生明显的变化，同时与时间特性相对应的任意时刻刀工接触区的切削层面积也发生变化。如图 3-8 所示的定曲率凸曲面模具工件上不同切削位置点的曲率不变，轴向切触角不变，可以忽略工件曲率半径对切削力的影响，因此可以揭示刀具受力变形对刀工接触区的影响。考虑刀具变形的两齿切削层面积仿真结果如图 3-10 所示。由切削层面积仿真结果可知，变形引起一个刀齿的切削层面积增大，另一个刀齿的切削层面积减小，且增大的量和减小的量相等。刀具变形后两个刀齿的切削层面积最大值的和与刀具未产生变形两个刀齿的切削层面积最大值的和相等。

　　由 3.1 节刀具切削区变形仿真可知，前倾角越大切削区变形量越大，因此，从位置点 1 到位置点 4 的切削层面积变化量逐渐减小，从位置点 4 到位置点 7 的切削层面积变化量逐渐增大。

3.4　球头铣刀铣削凸曲面淬硬钢模具铣削力实验

　　在三轴立式加工中心 VDL-1000E 上进行自由曲面铣削力实验，实验刀具选用戴杰二刃整体硬质合金球头立铣刀，型号为 DV-OCSB2100-L140，直径为 10mm，螺旋角为 30°，工件材料为 Cr12MoV，其淬火硬度为 58HRC。切削实验采用奇石乐测力仪（型号：Kistler 9257B）和 PCB 加速度传感器（灵敏度为 10.42mV/g）分别测试切削力和切削振动。同时采用 Kistler 5007 型电荷放大器和东华 DH5922 信号采集分析系统进行信号处理和数据采集分析。凸曲面淬硬钢模具铣削力实验平台如图 3-11 所示。自由曲面淬硬钢模具铣削通常采用小轴向铣削深度、小切宽和小进给的切削参数，实验过程中 PCB 加速度传感器所测得的振动幅值小于 3m/s^2，切削平稳。

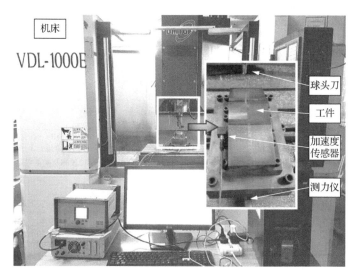

图 3-11　凸曲面淬硬钢模具铣削力实验平台

　　凸曲面淬硬钢模具铣削力实验主轴转速 4000r/min，进给速度 800mm/min，轴向铣削深度 0.3mm，铣削宽度 0.3mm。铣削路径如图 3-8 所示。铣削路径为沿着工件曲率顺铣铣削，按照表 3-3 所示的七个位置点提取实测切削力数据，同时与仿真预测的切削力数据进行比较，如图 3-12 所示。图中，进给方向的切削力由负变为正，这是由刀工接触区相对于工件的空间位置决定的。

　　沿曲率铣削凸曲面淬硬钢模具，由于刀具变形的影响，七个位置点一个切削周期内两个刀齿切削力不相等，切削力大的刀齿切触角范围均大于切削力小的刀齿切触角范围，基于考虑工件曲率和刀具前倾角的真实摆线轨迹和刀具变形的铣削力仿真结果与实测结果一致。由切削力测试及仿真结果可知，刀具切削区变形对 X 和 Y 方向力的影响较大，对轴向力影响相对较小。

　　经过凸模顶点时，进给方向的力反向，行距方向的力方向不变，力的大小略有增加，轴向力逐渐增大，到凸模顶点时轴向力最大。同时，前倾角大的切削位置，两齿切削力的差值大，证明此时刀具变形大。由此说明，在切削力相同的情况下，刀具工艺系统刚度弱的位置，刀具变形明显，同时两齿间切削力波动增大。综合分析切触角范围和切削力大小，发现凸曲面淬硬钢模具球头顺铣切削前倾角由 18.8960°～-18.9491°变化时，在 6°～12°和-12°～-6°范围内切削力相对平稳，又以刀具前倾角在 6°～12°为最优。

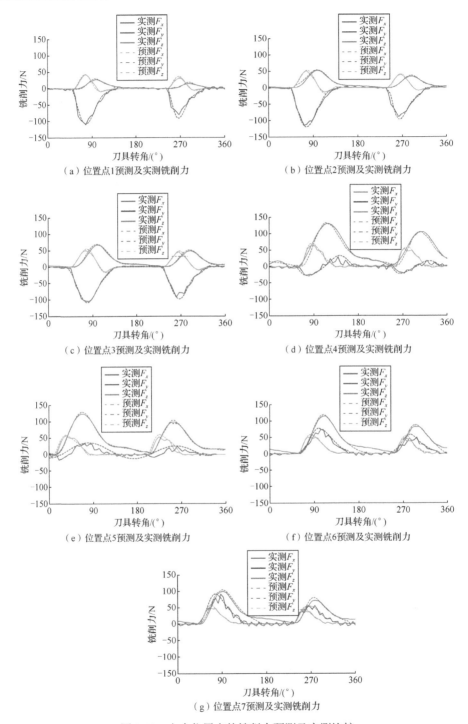

图 3-12　七个位置点的铣削力预测及实测比较

3.5　本 章 小 结

（1）分析了刀具偏摆对有效切削半径和径向切触角的影响规律。对于两齿球头铣刀，刀具变形使一个刀齿的有效切削半径增大，未变形切屑厚度和切削层面积增大，切削力也增大；另一个刀齿则相反，有效切削半径减小，未变形切屑厚度和切削层面积减小，切削力也降低。对于以上物理指标，一个刀齿的减小量和另一个刀齿的增加量基本相同。

（2）基于切削刃离散微元的变形分析，修正了刀齿三维摆线轨迹，建立了考虑刀具变形的未变形切屑厚度模型，获得了刀具变形对未变形切屑厚度及切削层面积的影响规律。

（3）以凸曲面为例，分析了沿曲率切削时刀工接触区时空特性，前倾角由18.8960°～-18.9491°变化时，刀具前倾角为 0°的位置刀工接触关系最为复杂；刀具前倾角大于 12°和小于-12°刀具变形对刀工接触关系影响显著；在 6°～12°和-12°～-6°范围内刀工接触关系最为稳定。

（4）淬硬钢模具凸曲面的铣削实验的结果表明，本部分提出的方法能够很好地预测曲面加工中的铣削力幅值及其变化规律。在平稳切削时，刀具前倾角为 0°的位置切削力变化最为复杂；刀具前倾角大于 12°和小于-12°时切削力增大，刀具变形增加，对加工过程影响显著；在 6°～12°和-12°～-6°范围内铣削力变化相对平稳，6°～12°范围更优，即上坡过程切削力更为平稳，凸曲面模具切削时尽量避免下坡切削。研究了刀工接触区的变形规律，为后文分析让刀误差、曲面铣削误差分布及补偿提供理论支撑。

参 考 文 献

[1] 姜彦翠, 刘献礼, 吴石, 等. 考虑结合面和轴向力的主轴系统动力学特性[J]. 机械工程学报, 2015, 51(19): 66-74.

[2] Mamedov A, Layegh S E, Lazoglu I. Instantaneous tool deflection model for micro milling[J]. The International Journal of Advanced Manufacturing Technology, 2015, 79(5): 769-777.

[3] Merdol S D, Altintas Y. Virtual cutting and optimization of three-axis milling processes[J]. International Journal of Machine Tools and Manufacture, 2008, 48(10): 1063-1071.

[4] Ikua B W, Tanaka H, Obata F, et al. Prediction of cutting forces and machining error in ball end milling of curved surfaces-I theoretical analysis[J]. Precision Engineering, 2001, 25(4): 266-273.

[5] Seo T I, Cho M W. Tool trajectory generation based on tool deflection effects in flat-end milling process(I): Tool path compensation strategy[J]. Journal of Mechanical Science and Technology, 1999, 13(10): 738-751.

[6] Seo T I, Cho M W. Tool trajectory generation based on tool deflection effects in the flat-end milling process(II): Prediction and compensation of milled surface errors[J]. Journal of Mechanical Science and Technology, 1999, 13(12): 918-930.

[7] 聂强, 黄凯, 毕庆贞, 等. 微铣削中考虑刀具跳动的瞬时切屑厚度解析计算方法[J]. 机械工程学报, 2016, 52(3): 169-178.

[8] 闫雪, 陶华, 蔡晋, 等. 基于真实刀刃轨迹的立铣刀切屑厚度模型[J]. 机械工程学报, 2011, 47(1): 182-186.

[9] 张翔, 韩振宇, 富宏亚, 等. 微径球头铣刀铣削表面误差建模与仿真[J]. 计算机辅助设计与图形学学报, 2010, 22(12): 2177-2181.

[10] Mamedov A, Lazoglu I. An evaluation of micro milling chip thickness models for the process mechanics[J]. The International Journal of Advanced Manufacturing Technology, 2016, 87(5): 1-7.

[11] Lee P, Altintas Y. Prediction of ball end milling forces from orthogonal cutting data[J]. International Journal of Machine Tools and Manufacture, 1996, 369: 1059-1072.

[12] 吴石, 张添源, 刘献礼, 等. 凸曲面拼接模具球头铣刀的瞬时铣削力预测[J]. 振动测试与诊断, 2020, 40(5): 948-956.

第4章 自由曲面加工特征对铣削稳定性的影响

自由曲面模具铣削过程中，由于刀具的轴线与曲面工件的法向不重合，因此刀具系统相对工件而言为柔性系统。由于模具型面曲率多变，自由曲面模具不同加工位置的刀具倾角和铣削力不断变化，加工系统刚度分布不均匀，因此易产生铣削颤振[1-2]，这是制约汽车模具切削效率的主要原因之一。因此，综合考虑汽车覆盖件模具自由曲面的几何特征与铣削系统的交互关系，进行铣削稳定性的研究，对合理选择切削参数、控制铣削颤振具有重要意义。

大型自由曲面汽车覆盖件淬硬钢模具曲面特征较为复杂，加工稳定域也随着曲面特征的变化而变化，目前针对单一曲面特征建模的球头铣削动力学模型无法预测自由曲面球头铣削稳定性。显然，考虑由多项曲面铣削特征（刀轴倾角、曲率）引起的变切屑厚度及变时滞的动力学研究是解决大型自由曲面汽车覆盖件淬硬钢模具铣削稳定性预测问题的关键[3-4]。

4.1 考虑变时滞参数的未变形切屑厚度模型

4.1.1 自由曲面球头铣削变时滞参数分析

从刀齿切入位置开始到切出位置为止，将切削的时间离散为 m 个瞬时时刻，$t_k(k=0, 1, 2, \cdots, m-1)$ 表示任意离散时刻，则第 j 齿的理想切削周期及瞬时水平转向角分别记为 τ_j 和 $\varphi_j(t_k)$，如图 4-1 所示。

在 t_k 时刻，将切削刃离散为 n 个微元，不同离散切削刃微元对应不同轴向位置角，任意离散切削刃微元的轴向位置角记为 $\theta_i(i=1, 2, \cdots, n)$，则 t_k 时刻，不同 θ_i 轴向位置角的离散切削刃微元对应的变时滞参数为 $\tau_j(t_k, \theta_i)$。

刀齿切入时，由于切削载荷刀具在过渡表面留下波纹，此后每次切削刀齿都要切除前一刀齿的波纹，相邻两齿切削留下波纹的相位差是动态切屑厚度产生的原因。自由曲面切削中，刀齿沿三维摆线轨迹运动，对于刀工接触区的前后表面的任意切屑厚度控制点 P_{j-1} 和 P_j，由于 $\angle O_j P_{j-1} O_{j-1}$ 的存在，时滞周期不等于理想的刀齿切削周期（$T_0 = 2\pi/(N\omega)$）。因此，设切触区不同离散切削刃微元的变时滞参数为 $\tau_j(t_k, \theta_i)$，其计算公式如下：

$$\tau_j(t_k, \theta_i) = \left[\tau_j(t_k, \theta_1), \tau_j(t_k, \theta_2), \cdots, \tau_j(t_k, \theta_n) \right], \quad i=1, 2, \cdots, n \qquad (4\text{-}1)$$

式中，θ_i 为图 4-1 中 t_k 时刻的切触区任意离散切削刃微元的轴向位置角。因此，在 t_k 时刻切触区内每一个 θ_i 唯一对应一个 z_i，曲面铣削任意离散切削刃微元轴向位置角示意图如图 4-2 所示。

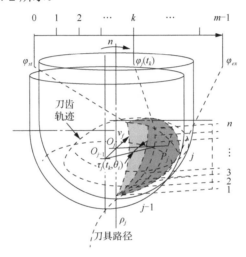

图 4-1　球头铣刀离散切削刃微元变时滞示意图

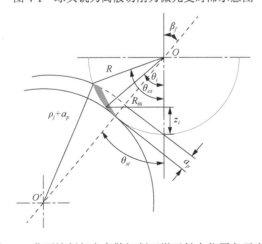

图 4-2　曲面铣削任意离散切削刃微元轴向位置角示意图

当前切削周期刀具主运动方向的切入角 φ_{st} 和切出角 φ_{ex} 与切削周期任意 t_k 时刻的水平转向角 $\varphi_j(t_k)$($\varphi_{st} \leqslant \varphi_j(t_k) \leqslant \varphi_{ex}$)分别为

$$\begin{cases} \varphi_{st} = \arccos\left(\dfrac{R_\theta^2 + (\rho_\varphi I + R_\theta)^2 - (\rho_\varphi I + a_e)^2}{2R_\theta(\rho_\varphi I + R_\theta)} \right), & I = \begin{cases} 1, & \text{凸曲面} \\ -1, & \text{凹曲面} \end{cases} \\ \varphi_{ex} = \pi \end{cases} \quad (4\text{-}2)$$

$$\varphi_j(t_k) = (2\pi n/60)t_k - (j-1)\cdot 2\pi/N - \mu \quad (4\text{-}3)$$

式中，R_θ 为刀具实际切削半径；ρ_φ 为进给方向曲率半径；N 是刀具齿数；n 是刀具转速；螺旋滞后角 $\mu = \tan\beta_0(1-\cos\theta_i)$，$\beta_0$ 为切削刃螺旋角。

图 4-1 中，当刀具任意相邻两齿切削形成刀工接触区前后表面控制点 P_{j-1}、P_j 时，刀具沿着工件型面以进给速度 v_f 从 O_{j-1} 移动到 O_j，则 $O_{j-1}O_j$ 为

$$\left| O_{j-1}O_j \right| = v_f \left(\tau_j - \tau_j\left(t_k, \theta_i\right) \right)\cos\left(1/2\rho_j\right) \quad (4\text{-}4)$$

式中，v_f 为进给速度；ρ_j 为曲面与刀具切削刃接触点处进给方向的法曲率半径。

4.1.2　未变形切屑厚度模型的修正

任意时刻 t_k 的未变形切屑厚度为沿切削刃离散的 n 对切屑厚度控制点 P_{j-1}、P_j 距离的加权和，则 $h_j(t_k)$ 为

$$h_j\left(t_k\right) = \sum_{i=1}^{n} a_{k,i} h_j\left(t_k, \theta_i\right), \quad \sum_{i=1}^{n} a_{k,i} = 1 \quad (4\text{-}5)$$

$$\left| P_{j-1}P_j \right| = h_j\left(t_k, \theta_i\right) \quad (4\text{-}6)$$

曲面的曲率直接影响切屑厚度的大小，在不同轴向位置角 θ_i 位置的切削刃微元具有不同的时滞时间 $\tau_j(t_k, \theta_i)$，因此，沿刀具轴向将切触区分割成 n 个切削微元，对于任意切削微元有三角形 $O_{j-1}P_{j-1}O_j$，由三角形余弦定理可得

$$\cos\angle O_{j-1}P_{j-1}O_j = \frac{\left| O_jP_{j-1} \right|^2 + \left| O_{j-1}P_{j-1} \right|^2 - \left| O_{j-1}O_j \right|^2}{2\left| O_jP_{j-1} \right|\left| O_{j-1}P_{j-1} \right|} \quad (4\text{-}7)$$

基于几何关系，由式（4-7）可得考虑工件曲率的任意切削离散微元未变形切屑厚度和微元变时滞参数模型。同时，基于切削刃空间三维摆线方程，可得切削刃离散微元未变形切屑厚度。由式（4-4）～式（4-7）可得任意 t_k 时刻瞬时切削刃微元的时滞及其对应的切屑厚度，如式（4-8）、式（4-9）所示：

$$\begin{cases} h_j(t_k, \theta_i) = (V_j, O_j P_j) - (V_j, O_j P_{j-1}) \\ \cos(\omega \cdot \tau_j(t_k, \theta_i)) = \dfrac{R_{j-1,\theta_i}^2 + (R_{j,\theta_i} - h_j(t_k, \theta_i))^2}{2R_{j-1,\theta_i}(R_{j,\theta_i} - h_j(t_k, \theta_i))} - \dfrac{(v_f(\tau_j - \tau_j(t_k, \theta_i))\cos(1/2\rho_j))^2}{2R_{j-1,\theta_i}(R_{j,\theta_i} - h_j(t_k, \theta_i))} \end{cases}$$

$$(4-8)$$

$$(V_j, O_j P_j) - (V_j, O_j P_{j-1}) = R + \begin{bmatrix} \sin\theta_i \cos\varphi_j(t_k) \\ \sin\theta_i \cos\varphi_j(t_k) \\ 1 - \cos\theta_i \end{bmatrix}^{\mathrm{T}} \left(T_f \cdot O_{j-1} O_j - T_j \begin{bmatrix} R\sin\theta_i \cos\varphi_j(t_k) \\ R\sin\theta_i \sin\varphi_j(t_k) \\ R(1 - \cos\theta_i) \end{bmatrix} \right)$$

$$(4-9)$$

式中，T_f 和 T_j 分别为刀具轨迹 $O_{j-1}O_j$ 和刀具坐标系相对于工件坐标系的转换矩阵；R_{j-1,θ_i} 为前一齿 θ_i 位置实际切削半径；R_{j,θ_i} 为当前齿 θ_i 位置实际切削半径；ω 为刀具旋转角速度。

基于上述分析，在 t_k 时刻，当刀工切触区垂直于走刀路径上的法曲率半径为 ρ_j 时，对球头铣刀铣削凸曲面刀工切触区沿刀轴方向离散，任意切削刃微元轴向位置角 θ_i 如图 4-2 所示。其中，任意刀齿刀具切触区的切削刃微元沿刀具轴线方向离散为 n 个位置，各微元与刀尖点轴向距离为 z_i，其计算公式如下：

$$\begin{aligned} z_i &= R(1 - \cos\theta_i) \\ &= R\left(1 - \cos\left(\theta_{st} + \frac{i-1}{n-1}\arccos\frac{R^2 + (\rho_j + R)^2 - (\rho_j + a_p)^2}{2R|(\rho_j + R)|}\right)\right), \quad i = 1, 2, \cdots, n \end{aligned}$$

$$(4-10)$$

式中，ρ_j 为曲面与刀具切削刃接触点处进给方向的法曲率半径，当刀具-工件切触区为凸曲面时 ρ_j 为正值，为凹曲面时 ρ_j 为负值；z_1 为切入时切削刃微元与刀尖点距离；z_n 为切出时切削刃微元距刀尖点距离。由切削层微元宽度 $db=Rd\theta$ 可知，曲面曲率半径决定刀工接触区轴向切触角大小，进而影响切削层微元宽度。当刀具-工件接触区为凸曲面时，切入和切出时切削刃微元与刀尖点的距离如下：

$$
\begin{cases}
z_1 = R(1-\cos\beta_f) \\
z_n = R\left(1-\cos\left(\beta_f + \arcsin\dfrac{R_{z_n}}{R}\right)\right)
\end{cases}
\tag{4-11}
$$

式中，R_{z_n} 为刀具切出时刻第 n 个微元的实际切削半径；β_f 为刀具前倾角，即进给方向刀工接触点的法向量与刀轴的夹角。

4.2　基于全离散法的铣削稳定域预测

铣削过程中通常考虑再生型颤振，通过铣削稳定域的分析可以预测颤振区域，为合理地选择切削参数提供依据，能够有效地提高加工效率。但是，工件曲率和加工倾角引起的切削刃离散微元的变时滞特性会使铣削稳定域叶瓣图产生平移。全离散法适用于小径向轴向铣削深度的铣削稳定域预测。因此，采用全离散法进行考虑变时滞参数的动力学分析，提高自由曲面模具铣削稳定域预测的精确度。首先建立考虑切削刃离散微元变时滞参数的两自由度铣削动力学模型，如下：

$$
\begin{bmatrix} m_{tx} & 0 \\ 0 & m_{ty} \end{bmatrix}\begin{bmatrix} \ddot{x}(t) \\ \ddot{y}(t) \end{bmatrix} + \begin{bmatrix} 2m_{tx}\xi_x\omega_{nx} & 0 \\ 0 & 2m_{ty}\xi_y\omega_{ny} \end{bmatrix}\begin{bmatrix} \dot{x}(t) \\ \dot{y}(t) \end{bmatrix}
$$
$$
+ \begin{bmatrix} m_{tx}\omega_{nx}^2 & 0 \\ 0 & m_{ty}\omega_{ny}^2 \end{bmatrix}\begin{bmatrix} x(t) \\ y(t) \end{bmatrix}
\tag{4-12}
$$
$$
= \begin{bmatrix} a_p h_{11}(t) & a_p h_{12}(t) \\ a_p h_{21}(t) & a_p h_{22}(t) \end{bmatrix}\begin{bmatrix} \displaystyle\sum_{i=1}^{n} a_{k,i}\left(x\left(t-T_{k,i}\right)-x(t)\right) \\ \displaystyle\sum_{i=1}^{n} a_{k,i}\left(y\left(t-T_{k,i}\right)-y(t)\right) \end{bmatrix}, \quad \sum_{i=1}^{n} a_{k,i}=1
$$

式中，m_{tx}、m_{ty} 分别为铣削系统 x 向、y 向的模态质量；ξ_x、ξ_y 分别为铣削系统 x 向、y 向的阻尼比；ω_{nx}、ω_{ny} 分别为铣削系统 x 向、y 向的固有频率；a_p 为轴向铣削深度；$h_{ij}(t_k)$ 为时变铣削力系数，i,j=1,2。

$$\begin{cases} h_{11}(t_k) = \sum_{j=1}^{N}\sum_{i=1}^{n}\left[\cot(\theta_i)\left(1-\cos(2\varphi_j(t_k))\right)\frac{K_{ac}}{K_{tc}} - \frac{\sin(2\varphi_j(t_k))}{\sin\theta_i} - (1-\cos(2\varphi_j(t_k)))\frac{K_{rc}}{K_{tc}} \right] \\[2mm] h_{12}(t_k) = \sum_{j=1}^{N}\sum_{i=1}^{n}\left[\sin(2\varphi_j(t_k))\frac{K_{ac}}{K_{tc}} - \frac{1+\cos(2\varphi_j(t_k))}{\cos\theta_i} - \sin(2\varphi_j(t_k))\frac{K_{rc}}{K_{tc}} \right] \\[2mm] h_{21}(t_k) = \sum_{j=1}^{N}\sum_{i=1}^{n}\left[\sin(2\varphi_j(t_k))\cot(\theta_i)\frac{K_{ac}}{K_{tc}} + \frac{1-\sin(2\varphi_j(t_k))}{\cos\theta_i} - \sin(2\varphi_j(t_k))\frac{K_{rc}}{K_{tc}} \right] \\[2mm] h_{22}(t_k) = \sum_{j=1}^{N}\sum_{i=1}^{n}\left[\sin(2\varphi_j(t_k)) + \cot(\theta_i)(1+\cos(2\varphi_j(t_k)))\frac{K_{ac}}{K_{tc}} - (1+\cos(2\varphi_j(t_k)))\frac{K_{rc}}{K_{tc}} \right] \end{cases}$$

$$\tag{4-13}$$

式中，$\varphi_j(t_k)$ 为刀齿 j 的 t_k 瞬时水平位置角；$h_{11}(t_k)$、$h_{12}(t_k)$、$h_{21}(t_k)$、$h_{22}(t_k)$ 为 t_k 瞬时铣削力系数；N 为铣刀齿数；K_{tc} 为切向铣削力系数；K_{rc} 为径向铣削力系数；K_{ac} 为轴向铣削力系数。

将质量矩阵、阻尼系数矩阵和刚度矩阵分别表示为

$$M = \begin{bmatrix} m_{tx} & 0 \\ 0 & m_{ty} \end{bmatrix}, \quad C = \begin{bmatrix} 2m_{tx}\xi_x\omega_{nx} & 0 \\ 0 & 2m_{ty}\xi_y\omega_{ny} \end{bmatrix}, \quad K = \begin{bmatrix} m_{tx}\omega_{nx}^2 & 0 \\ 0 & m_{ty}\omega_{ny}^2 \end{bmatrix} \tag{4-14}$$

设 $[x(t) \quad y(t)]^{\mathrm{T}}=q(t)$，$p(t)=Mq+Cq/2$，$R(t)=[q(t) \quad p(t)]^{\mathrm{T}}$，通过柯西变换，两自由度铣削动力学模型的状态空间形式为[5-6]

$$\dot{R}(t) = A_0 R(t) + A(t)R(t) + B(t)R(t-T_{k,i}) \tag{4-15}$$

式中，

$$A_0 = \begin{bmatrix} -M^{-1}C/2 & M^{-1} \\ CM^{-1}C/(4-K) & CM^{-1}/2 \end{bmatrix}; \quad A(t) = \begin{bmatrix} 0 & 0 \\ w_1(t) & 0 \end{bmatrix}$$

$$w_1(t) = \begin{bmatrix} -a_p h_{11} & -a_p h_{12} \\ -a_p h_{21} & -a_p h_{22} \end{bmatrix}; \quad B(t) = \begin{bmatrix} 0 & 0 \\ w_2(t) & 0 \end{bmatrix}, \quad w_2(t) = \begin{bmatrix} a_p h_{11} & -a_p h_{12} \\ -a_p h_{21} & -a_p h_{22} \end{bmatrix}$$

由上述分析可知，考虑变时滞参数的时滞量 $T_{k,i}$ 可表示为

$$T_{k,i} = \tau_j - \tau_i(t_k, \theta_i) \tag{4-16}$$

将时滞量 $T_{k,i}$ 等距离离散为 m 个时间段，根据精细积分法[7-8]，基于线形逼近、弗洛凯（Floquet）理论，求得系统的稳定性可由转移矩阵的特征值决定：若转移矩阵的所有特征值的模均小于 1，则系统稳定[8]。

4.3　淬硬钢模具型面曲率和前倾角对铣削稳定域的影响

4.3.1　淬硬钢模具型面曲率对铣削稳定域的影响

在相同的轴向铣削深度的情况下，刀具与工件接触的轴向切触角随凸曲面工件曲率半径增大而增大。凸模模具型面曲率直接影响刀具与工件之间的接触区域的大小，从而影响瞬时铣削力的大小，进而影响铣削稳定域。对于自由曲面模具，不同切削位置的曲率不同，因而具有不同的铣削稳定域。

基于考虑工件曲率的变时滞参数铣削稳定域分析，可以预测不同曲率半径下的铣削稳定域。凸曲面工件曲率半径分别为 1.0m、1.5m 和 2.0m 时的铣削稳定性分析结果如图 4-3 所示。从稳定域叶瓣图可以看出，工件曲率半径的变化使铣削稳定域叶瓣上下移动，左右移动并不明显，即影响极限轴向铣削深度。随着工件曲率半径的增大，极限轴向铣削深度逐渐降低。

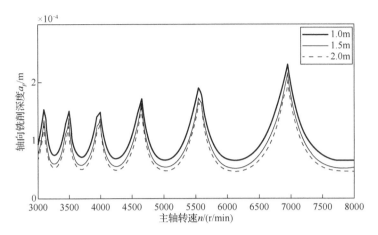

图4-3　凸曲面工件曲率半径分别为1.0m、1.5m和2.0m时的铣削稳定性分析结果

4.3.2　前倾角对铣削稳定域的影响

模具的铣削过程中，在模具工件不同的加工位置刀具的倾角不同，靠近凸曲面顶点的位置前倾角趋近于零，沿曲率两侧前倾角逐渐增大。在曲面模具铣削轨迹的不同位置上，刀具与工件的接触关系受前倾角影响显著。因此，非等高切削时，在凸曲面模具工件不同的加工位置会引起前倾角的变化，进而对铣削稳定域产生影响。凸模工件上不同加工位置的前倾角如图 4-4 所示，铣削位置对应的前倾角关系为$\beta_{f1}<\beta_{f2}<\beta_{f3}$。

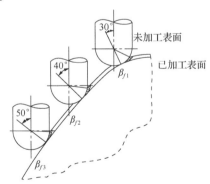

图4-4　凸模工件上不同加工位置的前倾角

针对图 4-4 中的铣削位置，基于考虑刀具前倾角的变时滞参数铣削稳定域分析，不同加工位置下前倾角对铣削稳定域的影响如图 4-5 所示。可以看出，转速

在 3000r/min 到 8000r/min 范围内，工件型面引起的刀具前倾角的变化使铣削稳定域叶瓣左右移动，在 4000r/min 到 5500r/min 范围内，稳定域叶瓣上下移动并不明显。即前倾角主要影响颤振频率，只在局部区域会引起极限轴向铣削深度的改变。随着刀具前倾角的增大，稳定域曲线向左移动，频率逐渐降低[9]。

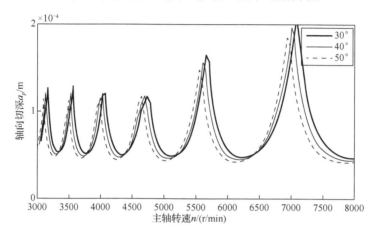

图 4-5　不同加工位置下前倾角对铣削稳定域的影响

4.4　球头铣刀铣削自由曲面淬硬钢模具稳定域研究

4.4.1　球头铣刀铣削自由曲面淬硬钢模具稳定域实验及仿真条件

自由曲面铣削稳定域测试的实验机床为三轴立式加工中心 VDL-1000E。自由曲面淬硬钢模具稳定域实验平台如图 4-6 所示。

实验刀具选用戴杰二刃整体硬质合金球头立铣刀（DV-OCSB2100-L140），直径为 10mm，螺旋角为 30°，工件材料为 Cr12MoV，其淬火硬度为 58HRC。切削实验采用奇石乐测力仪（型号：Kistler 9257B）和 PCB 加速度传感器（灵敏度为 10.42mV/g）分别测试切削力和切削振动。同时采用 Kistler 5007 型电荷放大器和东华 DH5922 信号采集分析系统进行信号处理和数据采集分析。刀具铣削路径如图 4-7 所示。采用锤击法模态实验直接测量刀尖的频响函数，进而求得刀具的结构动力学参数，固有频率为 998.86Hz，阻尼比为 2.11%，刚度为 $1×10^8$N/m。

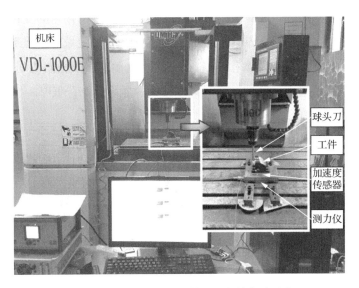

图 4-6　自由曲面淬硬钢模具稳定域实验平台

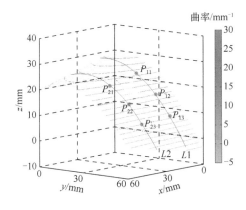

图 4-7　刀具铣削路径

4.4.2　球头铣刀铣削自由曲面淬硬钢模具颤振特征参数分析

铣削路径 $L2$ 中,考虑曲率半径和前倾角的 P_{21}、P_{22} 和 P_{23} 三个位置铣削稳定域仿真如图 4-8 所示。铣削路径 $L1$ 中,考虑曲率半径和前倾角的 P_{11}、P_{12} 和 P_{13} 三个位置铣削稳定域仿真如图 4-9 所示。

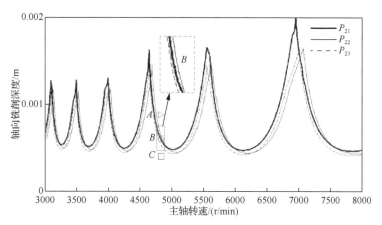

图 4-8　铣削路径 $L2$ 中三个位置铣削稳定域仿真

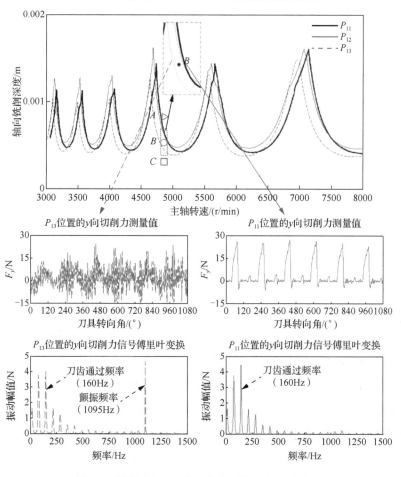

图 4-9　铣削路径 $L1$ 中三个位置铣削稳定域仿真

刀具铣削路径如图 4-7 所示，实验采用顺铣切削。参考图 4-8 和图 4-9 仿真的稳定域，在 $n=4800r/min$ 的稳定域的不稳定区和稳定区，分别选定 A、B 和 C 三组参数：$A(n=4800r/min, a_p=0.8mm)$、$B(n=4800r/min, a_p=0.6mm)$、$C(n=4800r/min, a_p=0.4mm)$，进给速度均为 1200mm/min，铣削宽度均为 0.4mm。两条铣削路径上不同位置点的加工特征及实验结果如表 4-1 所示。

表 4-1　铣削路径上 $L1$ 和 $L2$ 不同位置点的加工特征及实验结果

位置点编号	路径方向曲率半径 ρ_φ/mm	前倾角 β_f/(°)	切削参数			振动幅值/(mm/s²)			残留高度/μm
			转速/(r/min)	进给速度/(mm/min)	轴向铣削深度/mm	X 向	Y 向	Z 向	
P_{11}	51578.2	29			0.4	6.42	5.89	6.39	79.23
					0.6	7.77	6.15	7.93	82.26
					0.8	10.01	9.98	10.74	97.84
P_{12}	72621.0	43	4800	1200	0.4	6.74	5.70	6.35	79.91
					0.6	7.81	6.45	8.06	78.37
					0.8	10.12	9.99	10.92	103.68
P_{13}	92782.6	52			0.4	6.93	5.92	6.44	80.07
					0.6	8.02	6.75	7.93	80.95
					0.8	10.41	10.98	10.74	108.46
P_{21}	48806.5	33			0.4	6.34	5.66	6.74	75.32
					0.6	7.33	6.67	7.88	76.56
					0.8	10.04	9.78	10.63	96.58
P_{22}	59425.4	39	4800	1200	0.4	6.42	5.75	6.80	77.22
					0.6	7.49	6.88	8.02	80.33
					0.8	10.00	10.07	10.77	101.00
P_{23}	81419.7	46			0.4	6.45	5.73	6.79	81.98
					0.6	7.61	6.91	8.11	82.62
					0.8	10.11	10.78	11.06	103.85

分别以 A、B 和 C 组切削参数铣削，选择铣削路径 $L1(P_{11},P_{12},P_{13})$ 上的 P_{12} 位置点，三组切削参数铣削实验振动信号及频谱分析如图 4-10 所示。从振动测试结果可以看出，实验结果与铣削稳定域预测结果较为一致，可以验证凸曲面模具考虑变时滞参数的铣削稳定域预测的准确性。证实了前倾角在 $0\sim\pi/2$ 范围内逐渐增大时，稳定域有左移现象，路径方向曲率半径增大时稳定域有下移现象。

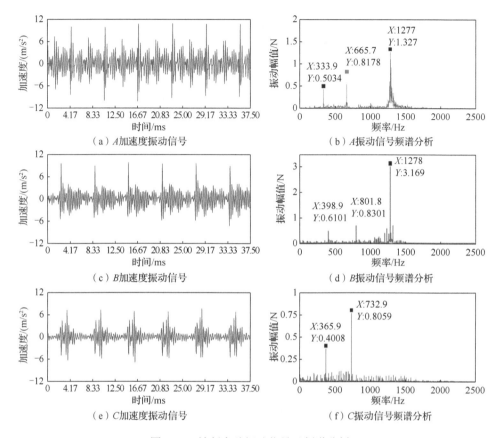

图 4-10　铣削实验振动信号及频谱分析

4.4.3　基于表面形貌的颤振分析

采用 Keyence 便携式超景深显微镜 VHX-1000，测试稳定区切削参数 C（$n=4800$r/min，$a_p=0.4$mm）沿路径 $L1$（P_{11}，P_{12}，P_{13}）和 $L2$（P_{21}，P_{22}，P_{23}）切削时，不同位置点的表面形貌及最大残留高度，如图 4-11 和图 4-12 所示。沿路径 $L1$（P_{11}，P_{12}，P_{13}）和 $L2$（P_{21}，P_{22}，P_{23}）切削的刀具前倾角逐渐增大，径向分力增大，轴向分力减小。由于刀具径向刚度小于轴向刚度，因此 X 向和 Y 向振动幅值增加，Z 向振动幅值变化不明显，如表 4-1 所示。切削过程稳定，沿刀具进给方向，工件表面未出现沟壑，刀具切削单元边界明显，如图 4-11、图 4-12 所示。相邻的切削单元由沿进给方向的两条前后残留区域交线与沿行距方向相邻的两条前后刀具轨迹交线围合成。沿进给方向，切削单元的周期与刀齿通过的周期相近，形成清晰的四边形切削单元，切削单元的最低点为四边形切削单元的中心，型面残留高度的最大值出现在四边形的四个顶点。

$L1(P_{11}, P_{12}, P_{13})$和$L2(P_{21}, P_{22}, P_{23})$均采用图 4-9 中稳定区切削参数 C（n=4800r/min，a_p=0.4mm）进行铣削加工，对比两条路径 $L1$ 和 $L2$ 的表面形貌，如图 4-11 和图 4-12 所示，两条轨迹上六个位置点的最大残留高度在 75μm 到 83μm 之间。由于 $L1$ 的曲率和前倾角的变化相比于 $L2$ 更剧烈，其刀齿切削的过程相对平稳，P_{11}，P_{12}，P_{13} 的最大残留高度总体小于 P_{21}，P_{22}，P_{23} 的最大残留高度。

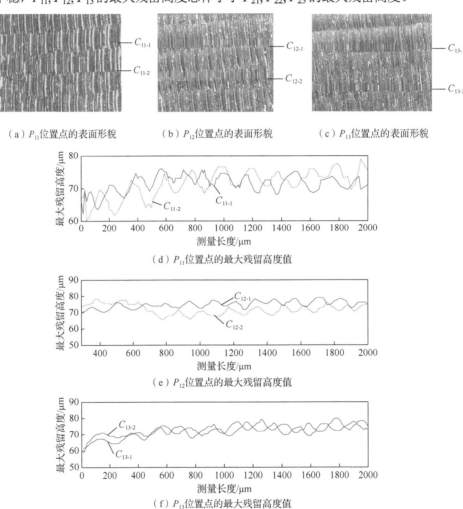

（a）P_{11}位置点的表面形貌　　　（b）P_{12}位置点的表面形貌　　　（c）P_{13}位置点的表面形貌

（d）P_{11}位置点的最大残留高度值

（e）P_{12}位置点的最大残留高度值

（f）P_{13}位置点的最大残留高度值

图 4-11　切削参数 C 时切削路径 $L1$ 不同位置点的加工表面形貌及最大残留高度

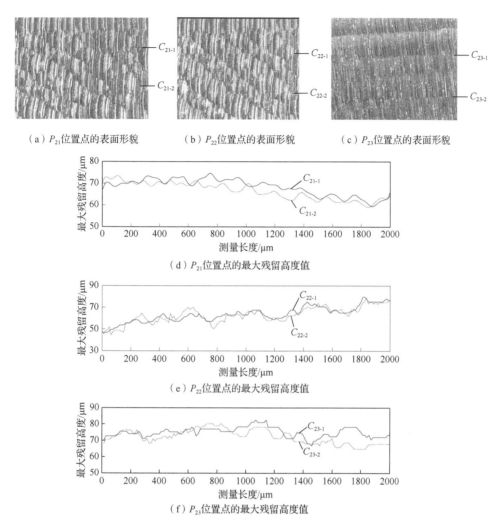

（a）P_{21}位置点的表面形貌　　（b）P_{22}位置点的表面形貌　　（c）P_{23}位置点的表面形貌

（d）P_{21}位置点的最大残留高度值

（e）P_{22}位置点的最大残留高度值

（f）P_{23}位置点的最大残留高度值

图 4-12　切削参数 C 时铣削路径 $L2$ 不同位置点的加工表面形貌及最大残留高度

采用不稳定区切削参数 A（n=4800r/min, a_p=0.8mm）切削时，路径 $L1(P_{11}, P_{12}, P_{13})$ 上三个位置点的颤振产生时，刀齿通过的周期与颤振的周期发生合并，每一个切削单元沿对角方向被拉长，致使相邻的切削单元沿进给方向发生合并，从而留下相对低周期的波动特征。相邻切削周期的表面形貌轮廓不清晰，沿刀具进给方向形成沟壑状表面，如图 4-13 所示，微元的中心最低点位置出现过切现象，同时行距方向相邻刀具轨迹形成的残留高度明显增大，P_{11} 最大残留高度达到 97.84μm，P_{12}、P_{13} 最大残留高度超过 100μm 分别达到 103.68μm 和 108.46μm。

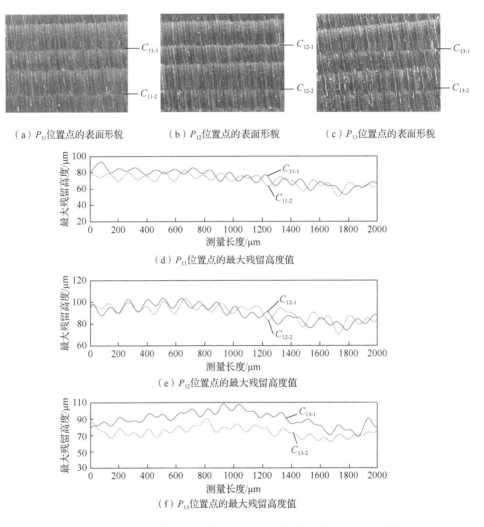

（a）P_{11}位置点的表面形貌　　（b）P_{12}位置点的表面形貌　　（c）P_{13}位置点的表面形貌

（d）P_{11}位置点的最大残留高度值

（e）P_{12}位置点的最大残留高度值

（f）P_{13}位置点的最大残留高度值

图 4-13　切削参数 A 时铣削路径 $L1$ 不同位置点的加工表面形貌

4.5　本章小结

（1）针对自由曲面模具铣削加工，提出了一种对切削刃离散微元取加权平均值的瞬时未变形切屑厚度预报方法。

（2）建立了考虑自由曲面曲率和前倾角对未变形切屑厚度和时滞参数影响的变时滞动力学模型。采用全离散法进行解算，获得了凸曲面铣削时的稳定域极限图，并通过铣削实验进行验证。

（3）分析了工件曲率半径的变化对极限轴向铣削深度的影响规律。工件曲率半径的变化使铣削稳定性叶瓣图上下移动。随着工件曲率半径的增大，铣削稳定域叶瓣向下移动，极限轴向铣削深度逐渐降低。

（4）分析了刀具前倾角的变化对极限轴向铣削深度的影响规律。刀具前倾角变化使稳定性叶瓣图左右移动，随着刀具前倾角的增大，铣削稳定域曲线向左移动，频率降低，稳定性下降。研究自由曲面模具铣削稳定性有利于自由曲面铣削精度和效率的提高及参数的优化。

参 考 文 献

[1] 刘献礼, 姜彦翠, 吴石, 等. 汽车覆盖件用淬硬钢模具铣削加工的研究进展[J]. 机械工程学报, 2016, 52(17): 35-49.

[2] 吴石, 李荣义, 刘献礼, 等. 复杂曲面模具加工系统综合刚度场建模与分析[J]. 机械工程学报, 2016, 52(23): 189-198.

[3] Faassen R P H, van de Wouw N, Nijmeijer H, et al. An improved tool path model including periodic delay for chatter prediction in milling[J]. Journal of Computational and Nonlinear Dynamics, 2007, 2: 167-179.

[4] Ding Y, Niu J B, Zhu L M, et al. Differential quadrature method for stability analysis of dynamic systems with multiple delays: Application to simultaneous machining operations[J]. Journal of Vibration and Acoustics, 2015, 137(2): 024501.1-024501.8.

[5] Ding Y, Zhu L M, Zhang X J, et al. Second-order full-discretization method for milling stability prediction[J]. International Journal of Machine Tools and Manufacture, 2010, 50(10): 926-932.

[6] Zhang Z, Li H G, Meng G, et al. A novel approach for the prediction of the milling stability based on the Simpson method[J]. International Journal of Machine Tools and Manufacture, 2015, 99: 43-47.

[7] Tan S J, Zhong W X. Precise integration method for duhamel terms arising from non-homogenous dynamic systems[J]. Chinese Journal of Theoretical and Applied Mechanics, 2007, 23(3): 374-381.

[8] Zhong W X, Williams F W. A precise time step integration method[J]. Proceedings of the Institution of Mechanical Engineers, Part C: Journal of Mechanical Engineering Science, 1994, 208(63): 427-430.

[9] Wu S, Yang L, Liu X L, et al. Effects of curvature characteristics of sculptured surface on chatter stability for die milling[J]. The International Journal of Advanced Manufacturing Technology, 2017, 89(9-12): 2649-2662.

第5章 模具加工系统综合刚度场建模与分析

汽车覆盖件模具型腔的自由型面上通常存有大量转角、沟槽、凸起、凹陷等受到曲率变化影响的复杂型面结构，而且其构成组合多样，型面结构之间衔接过渡区域型面特征同样复杂多变，如图5-1所示。

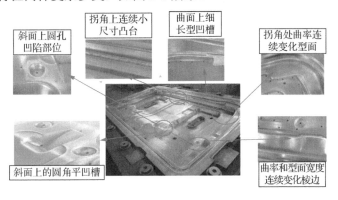

斜面上圆孔凹陷部位

拐角上连续小尺寸凸台

曲面上细长型凹槽

拐角处曲率连续变化型面

斜面上的圆角平凹槽

曲率和型面宽度连续变化棱边

图 5-1　汽车覆盖件模具典型型面特征

多轴数控加工机床作为能够获取复杂曲面高加工精度的重要装备被广泛地应用到汽车模具以及其他复杂零件制造过程中。多轴数控加工系统相比于传统的三轴数控加工系统具有更大的灵活性，从而便于应对复杂曲面的加工情况，与此同时，这也给刀具空间位姿的求解问题带来一定难度。刀具空间位姿的不断变化将使整个加工系统的综合刚度性能发生变化。机床各运动轴主要依靠关节来实现平动和转动，而其中关节、刀具-刀柄结合面、刀柄-主轴结合面等部分相对于其他结构而言刚度较弱。在大型汽车覆盖件模具加工过程中，由于力的作用会产生一定变形，这些受力变形必然导致刀位点产生偏移，从而导致加工误差的产生[1-2]。与此同时，在进行复杂型面切削时，加工系统综合刚度性能对表面加工质量有较大的影响[3-4]，而表面加工质量的好坏又将直接影响汽车模具的耐磨性、耐蚀性以及抗疲劳破损等能力。综上所述，对加工系统的刚度场建模及刚度性能的分析显得尤为重要[5-6]。

模具加工系统综合刚度场分析流程图如图5-2所示。

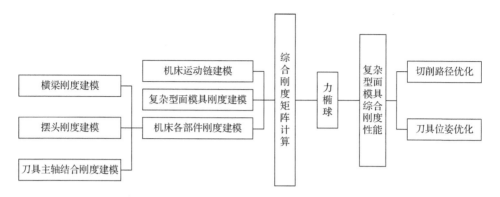

图 5-2　模具加工系统综合刚度场分析流程图

5.1　汽车模具加工系统各部件刚度建模

在汽车覆盖件模具加工过程中,刀具、刀具-机床主轴结合面、横梁、机床关节及待加工的模具等相对其他结构而言更容易产生变形,其刚度变化较为关键,对整个加工系统的刚度产生较大影响。因此,如图 5-3 所示,全面考虑刀具、刀具-机床主轴结合面、机床运动轴、机床关节及模具本身的刚度对整个加工系统刚度性能的影响,对整个加工系统的刚度场进行综合建模。

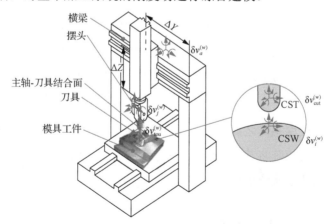

图 5-3　弹性小变形引起的微小位移矢量

CSW 为工件坐标系；CST 为刀位点坐标系

首先假定铣削加工用刀具、刀具-机床主轴结合面、横梁、机床关节（摆头）以及模具均产生弹性变形，整个加工系统均符合弹性小变形理论，则根据变形叠加的原则可得

$$\delta v^{(w)} = \delta v_{\text{cut}}^{(w)} + \delta v_{\text{tou}}^{(w)} + \delta v_a^{(w)} + \delta v_j^{(w)} - \delta v_i^{(w)} \tag{5-1}$$

式中，$\delta v^{(w)}$ 表示工件坐标系 CSW 下刀位点相对工件的位移；$\delta v_{\text{cut}}^{(w)}$ 表示工件坐标系 CSW 下刀具变形导致的刀位点位移；$\delta v_{\text{tou}}^{(w)}$ 表示工件坐标系 CSW 下刀具-机床主轴结合面变形导致的刀位点位移；$\delta v_a^{(w)}$ 表示工件坐标系 CSW 下横梁变形导致的刀位点位移；$\delta v_j^{(w)}$ 表示工件坐标系 CSW 下机床关节变形导致的刀位点位移；$\delta v_i^{(w)}$ 表示工件坐标系 CSW 下模具本身变形导致的刀位点位移。

设定 $F = \left[F_x, F_y, F_z, M_x, M_y, M_z \right]^{\text{T}}$ 为当前刀位点上的外力，根据虚功原理可求得外力沿虚位移方向所做的虚功是 $\delta w = F^{\text{T}} \delta v$。加工过程中各个子系统的虚位移与所受到的外力的映射关系可由 $S \cdot F = \delta v$ 表达出来，如下所示：

$$\begin{aligned} \delta v^{(w)} &= \delta v_{\text{cut}}^{(w)} + \delta v_{\text{tou}}^{(w)} + \delta v_a^{(w)} + \delta v_j^{(w)} - \delta v_i^{(w)} \\ &= (S_{\text{cut}}^{(w)} + S_{\text{tou}}^{(w)} + S_a^{(w)} + S_j^{(w)} - S_i^{(w)})F^{(w)} = S^{(w)} F^{(w)} \end{aligned} \tag{5-2}$$

$$S^{(w)} = S_{\text{cut}}^{(w)} + S_{\text{tou}}^{(w)} + S_a^{(w)} + S_j^{(w)} - S_i^{(w)} \tag{5-3}$$

式中，$F^{(w)}$ 为工件坐标系 CSW 下的外力；$S^{(w)}$ 为模具切削加工系统的综合柔度矩阵；$S_{\text{cut}}^{(w)}$、$S_{\text{tou}}^{(w)}$、$S_a^{(w)}$、$S_j^{(w)}$、$S_i^{(w)}$ 分别是工件坐标系 CSW 下刀具、刀具-机床主轴结合面、机床横梁、机床关节（摆头）及待加工的汽车覆盖件模具本身的柔度矩阵。

在求取这些柔度矩阵之前，首先需要计算各个部件在自身坐标系下的柔度矩阵，再利用雅可比矩阵将其变换到工件坐标系下，进行坐标系的统一，最后分别针对加工系统的各子系统进行刚度建模。

5.1.1　被加工模具刚度建模

针对汽车前盖板典型模具四轴加工系统综合刚度场进行建模与分析。图 5-4

为汽车前盖板模具及其三维曲面模型。

首先,运用基于弯矩理论[7]的曲面自适应采样方法,对汽车前盖板模具三维曲面模型进行采样。本方法以型面曲率变化作为准则进行采样。在型面曲率变化较为剧烈的区域,即图 5-4 所示陡峭面,采样点较为密集;反之,在曲面曲率变化较为舒缓的区域,即图 5-4 所示的平缓面,采样点较为稀疏[8]。

使用该方法对模具曲面进行自适应采样后得到 152 个采样点,模具采样点及各点曲面法向量如图 5-5 所示。

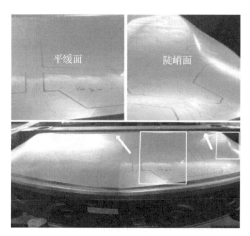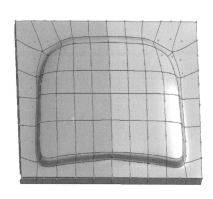

图 5-4   汽车前盖板模具及其三维曲面模型

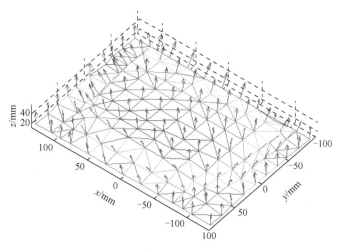

图 5-5   模具采样点及各点曲面法向量

然后,运用有限元法对汽车前盖板 3D 模具进行分析。根据建立的模具 3D 模型，将其放置于加工时所处的位置，将基准坐标设定在切削加工时机床工作台的中心，此坐标系即为工件坐标系 CSW。

对所有采样点 i 均分别施加六个方向的单位载荷，如图 5-6 所示，即 F_x、F_y、F_z、M_x、M_y、M_z。

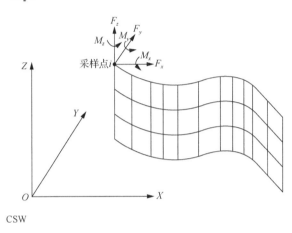

图 5-6　采样点六个方向的单位载荷

通过分析得到任意采样点 i 受每个单位载荷时，在 CSW 坐标系下 X、Y、Z、θ_x、θ_y、θ_z 六个方向的变形量，将其按规律组成 6×6 变形矩阵：

$$\delta v_i = \begin{bmatrix} \delta v_{xF_x} & \delta v_{xF_y} & \delta v_{xF_z} & \delta v_{xM_x} & \delta v_{xM_y} & \delta v_{xM_z} \\ \delta v_{yF_x} & \delta v_{yF_y} & \delta v_{yF_z} & \delta v_{yM_x} & \delta v_{yM_y} & \delta v_{yM_z} \\ \delta v_{zF_x} & \delta v_{zF_y} & \delta v_{zF_z} & \delta v_{zM_x} & \delta v_{zM_y} & \delta v_{zM_z} \\ \delta v_{\theta_xF_x} & \delta v_{\theta_xF_y} & \delta v_{\theta_xF_z} & \delta v_{\theta_xM_x} & \delta v_{\theta_xM_y} & \delta v_{\theta_xM_z} \\ \delta v_{\theta_yF_x} & \delta v_{\theta_yF_y} & \delta v_{\theta_yF_z} & \delta v_{\theta_yM_x} & \delta v_{\theta_yM_y} & \delta v_{\theta_yM_z} \\ \delta v_{\theta_zF_x} & \delta v_{\theta_zF_y} & \delta v_{\theta_zF_z} & \delta v_{\theta_zM_x} & \delta v_{\theta_zM_y} & \delta v_{\theta_zM_z} \end{bmatrix} \tag{5-4}$$

矩阵的第一行表示采样点 i 分别受到 F_{x_i}、F_{y_i}、F_{z_i}、M_{x_i}、M_{y_i} 以及单位载荷 M_{z_i} 作用时在 X 轴方向产生的位移变形 δv，第二行表示采样点 i 分别受到 F_{x_i}、F_{y_i}、F_{z_i}、M_{x_i}、M_{y_i} 以及单位载荷 M_{z_i} 作用时在 Y 轴方向产生的位移变形。依此类推，矩阵第六行则表示采样点 i 分别受到 F_{x_i}、F_{y_i}、F_{z_i}、M_{x_i}、M_{y_i} 以及单位载荷 M_{z_i} 作用时绕 Z 轴的扭转变形。力与位移之间的映射关系如下：

$$S \cdot F = \delta v \qquad (5\text{-}5)$$

由此可知，当采样点 i 受单位载荷时，其变形量就是此时的柔度。因此，上述 6×6 矩阵即采样点 i 的柔度矩阵。再根据 $K = S^{-1}$，对采样点的柔度矩阵求其逆矩阵，便可获取工件坐标系 CSW 下采样点 i 的刚度矩阵：

$$K_i^{(w)} = F \cdot (\delta v_i)^{-1} \qquad (5\text{-}6)$$

运用该方法逐一对每个采样点完成相同的分析过程并保存每个采样点坐标及其柔度矩阵至数据库中。在整个仿真过程中，通过对柔度矩阵求逆矩阵的方法得到采样点的刚度矩阵，最后再通过插值的方法得到采样点临近点的刚度矩阵，从而完成对整个型面的分析。

5.1.2　切削刀具刚度建模

对于加工系统中刀具本身的变形，被认为存在三自由度平动和转矩共同作用下的耦合变形。可以运用经典的刚度计算公式来得到刀位点坐标系下的刀具刚度矩阵：

$$K_{\text{cut}}^{(t)} = \begin{bmatrix} K_{xF_x,\text{cut}} & 0 & 0 & 0 & -K_{xM_y,\text{cut}} & 0 \\ 0 & K_{yF_y,\text{cut}} & 0 & K_{yM_x,\text{cut}} & 0 & 0 \\ 0 & 0 & K_{zF_z,\text{cut}} & 0 & 0 & 0 \\ 0 & K_{yM_x,\text{cut}} & 0 & K_{\theta_xM_x,\text{cut}} & 0 & 0 \\ -K_{xM_y,\text{cut}} & 0 & 0 & 0 & K_{\theta_yM_y,\text{cut}} & 0 \\ 0 & 0 & 0 & 0 & 0 & K_{\theta_zM_z,\text{cut}} \end{bmatrix} \qquad (5\text{-}7)$$

式中，$K_{xF_x,\text{cut}}$、$K_{yF_y,\text{cut}}$、$K_{zF_z,\text{cut}}$ 分别为刀具 x 向、y 向和 z 向的刚度；$K_{\theta_xM_x,\text{cut}}$、$K_{\theta_yM_y,\text{cut}}$、$K_{\theta_zM_z,\text{cut}}$ 分别为刀具在 x、y、z 三个坐标轴方向上的扭转刚度；$K_{xM_y,\text{cut}}$、$K_{yM_x,\text{cut}}$ 为刀具的耦合刚度。

首先对刀具的刚度矩阵求逆矩阵，再根据刀位点坐标系 CST 和工件坐标系 CSW 之间的坐标系转换关系，运用雅可比矩阵变换得到工件坐标系下的刀具刚度矩阵：

$$K_{\mathrm{cut}}^{(w)} = \begin{bmatrix} R_t^{(w)} & 0 \\ 0 & R_t^{(w)} \end{bmatrix}_{6\times6} (S_{\mathrm{cut}}^{(t)})^{-1} \begin{bmatrix} R_t^{(w)} & 0 \\ 0 & R_t^{(w)} \end{bmatrix}_{6\times6}^{\mathrm{T}} = J_t^{(w)} (S_{\mathrm{cut}}^{(t)})^{-1} \left[J_t^{(w)} \right]^{\mathrm{T}} \quad (5\text{-}8)$$

式中，雅可比矩阵 $J_t^{(w)}$ 阐述了刀具的柔度矩阵由 CST 到 CSW 的转换关系，而 $R_t^{(w)}$ 则是 CST 和 CSW 之间的旋转转换矩阵，这与机床运动链密切相关。

5.1.3 切削刀具-机床主轴结合面刚度建模

在刀位点坐标系 CST 下，可确定的刀具-机床主轴结合面可能具有 X、Y、Z 三个坐标轴向以及绕 Z 轴扭转共四个方向的变形。因此，刀位点坐标系 CST 下刀具-机床主轴结合面的刚度矩阵如式（5-9）所示：

$$K_{\mathrm{tou}}^{(t)} = \begin{bmatrix} K_{xF_x,\mathrm{tou}} & & & & \\ & K_{yF_y,\mathrm{tou}} & & & \\ & & K_{zF_z,\mathrm{tou}} & & \\ & & & \ddots & \\ & & & & K_{\theta_z M_z,\mathrm{tou}} \end{bmatrix} \quad (5\text{-}9)$$

式中，$K_{xF_x,\mathrm{tou}}$、$K_{yF_y,\mathrm{tou}}$ 分别为结合面 x 向和 y 向的刚度；$K_{zF_z,\mathrm{tou}}$ 为结合面的 z 向刚度；$K_{\theta_z M_z,\mathrm{tou}}$ 为结合面绕 z 向的扭转刚度。

同理，对刀具-机床主轴结合面刚度矩阵求逆得到其柔度矩阵，再通过雅可比矩阵转换的方法将刀位点坐标系 CST 下的柔度矩阵变换到工件坐标系 CSW 下：

$$K_{\mathrm{tou}}^{(w)} = \begin{bmatrix} R_t^{(w)} & 0 \\ 0 & R_t^{(w)} \end{bmatrix}_{6\times6} (S_{\mathrm{tou}}^{(t)})^{-1} \begin{bmatrix} R_t^{(w)} & 0 \\ 0 & R_t^{(w)} \end{bmatrix}_{6\times6}^{\mathrm{T}} = J_t^{(w)} (S_{\mathrm{tou}}^{(t)})^{-1} \left[J_t^{(w)} \right]^{\mathrm{T}} \quad (5\text{-}10)$$

5.1.4 机床关节（摆头）刚度建模

通过实验获得加工系统各机床关节的刚度，分别为 $K_x, K_y, K_z, \cdots, K_i, K_{1x}, K_{1y},$ $K_{1z}, \cdots, K_{ix}, K_{iy}, K_{iz}, i = 1, 2, \cdots, n$。根据加工系统的运动链关系构建机床关节坐标系

CSJ 下的加工系统机床关节（摆头）刚度矩阵：

$$K_j^{(j)} = \begin{bmatrix} K_x & & & & \\ & K_y & & & \\ & & K_z & & \\ & & & \ddots & \\ & & & & K_i \end{bmatrix} \qquad (5\text{-}11)$$

根据机床的运动链模型，通过雅可比矩阵变换，得到工件坐标系 CSW 下的机床关节刚度矩阵：

$$K_j^{(w)} = J_j^{(w)} K_j^{(j)} \left[J_j^{(w)} \right]^{\mathrm{T}} \qquad (5\text{-}12)$$

式中，$J_j^{(w)}$ 为雅可比矩阵，它描述工件坐标系 CSW 下刀位点与机床关节空间的运动关节之间微分位移关系，可根据加工系统的结构以及运动链模型计算。

5.1.5 机床横梁刚度建模

由于模具型面曲率复杂多变，且汽车模具通常尺寸较大，为了满足加工行程的需要，某些模具加工机床带有横梁。在加工过程中，由于机床横梁较长，故在不同的工况下，机床主轴的位置也不同，这将导致横梁产生不同程度的变形。因此，横梁对加工系统综合刚度场的影响必须考虑。通过实验获得横梁的刚度矩阵 K_a，通过微分位移关系和受力传递关系将其变换至刀位点坐标系 CST 下，再根据雅可比矩阵将其变换到工件坐标系 CSW 下：

$$K_a^{(t)} = J_{x,\text{disp}}^t J_a K_a \left[J_a \right]^{\mathrm{T}} J_{t,\text{force}}^x \qquad (5\text{-}13)$$

$$K_a^{(w)} = \begin{bmatrix} R_t^{(w)} & 0 \\ 0 & R_t^{(w)} \end{bmatrix}_{6\times6} K_a^{(t)} \begin{bmatrix} R_t^{(w)} & 0 \\ 0 & R_t^{(w)} \end{bmatrix}_{6\times6}^{\mathrm{T}} = J_t^{(w)} K_a^{(t)} \left[J_t^{(w)} \right]^{\mathrm{T}} \qquad (5\text{-}14)$$

式中，$J_{x,\text{disp}}^t$ 表示横梁到刀位点的微分位移关系；$J_{t,\text{force}}^x$ 表示横梁与刀位点的受力传递关系；J_a 表示横梁到刀位点的雅可比矩阵。

5.2　四轴加工系统运动链及综合刚度场建模

5.2.1　四轴加工系统运动链建模

由于汽车覆盖件模具结构的复杂性，有时需要采用四轴加工系统进行加工。在刚度场分析过程中，通常根据机床的结构以及各部件的运动关系建立加工系统的运动链模型。

四轴加工系统如图 5-7 所示，该机床共有四个联动轴，分别记为 X、Y、Z、A，其中 X、Y、Z 为移动轴，A 为转动轴。X 轴方向为滑枕左右移动，Y 轴方向为工作台前后移动，Z 轴方向为滑枕垂直移动，A 轴方向为机床铣头绕 Y 轴摆动。

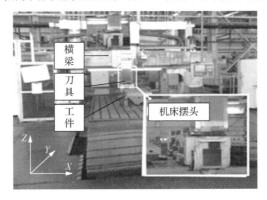

图 5-7　四轴加工系统

加工系统综合运动链关系：CSW→CSY→CSX→CSZ→CSA→CST，对于工件坐标系 CSW，X 轴对应坐标系 CSX，Y 轴对应坐标系 CSY，Z 轴对应坐标系 CSZ，A 轴对应坐标系 CSA，刀位点对应坐标系 CST。要分析整个加工系统中从被加工模具到刀具的整条机床运动链的运动变换关系，需进行五次坐标变换才可以将刀位点坐标系 CST 转换为工件坐标系 CSW。

对任意向量 u 进行工件坐标系 CSW 和刀位点坐标系 CST 之间的坐标变换，其变换关系式如下：

$$u^{(w)} = T_t^{(w)} u^{(t)} \tag{5-15}$$

联立式（5-6）、式（5-8）、式（5-10）、式（5-12）、式（5-14）、式（5-15）可求得整个加工系统总的坐标变换矩阵 $T_t^{(w)}$，其表达式为

$$
\begin{aligned}
T_t^{(w)} &= T_y^{(w)} \cdot T_x^y \cdot T_z^x \cdot T_a^z \cdot T_t^a \\[4pt]
&=
\begin{bmatrix}
1 & 0 & 0 & 0 \\
0 & 1 & 0 & s_y \\
0 & 0 & 1 & 0 \\
0 & 0 & 0 & 1
\end{bmatrix}
\begin{bmatrix}
1 & 0 & 0 & s_x \\
0 & 1 & 0 & 0 \\
0 & 0 & 1 & L_{xy,z} \\
0 & 0 & 0 & 1
\end{bmatrix}
\begin{bmatrix}
1 & 0 & 0 & 0 \\
0 & 1 & 0 & 0 \\
0 & 0 & 1 & s_z \\
0 & 0 & 0 & 1
\end{bmatrix} \\[4pt]
&\quad
\begin{bmatrix}
1 & 0 & 0 & 0 \\
0 & \cos A & -\sin A & 0 \\
0 & \sin A & \cos A & -L_{za,z} \\
0 & 0 & 0 & 1
\end{bmatrix}
\begin{bmatrix}
1 & 0 & 0 & 0 \\
0 & 1 & 0 & 0 \\
0 & 0 & 1 & -L_{ta,z} \\
0 & 0 & 0 & 1
\end{bmatrix} \\[4pt]
&=
\begin{bmatrix}
1 & 0 & 0 & s_x \\
0 & \cos A & -\sin A & s_y + L_{ta,z}\sin A \\
0 & \sin A & \cos A & s_z + L_{xy,z} - L_{za,z} - L_{ta,z}\cos A \\
0 & 0 & 0 & 1
\end{bmatrix}
\end{aligned}
\tag{5-16}
$$

式中，s_x、s_y、s_z、A 分别为运动轴的行程和旋转轴的转角，由下文求解机床运动方程组得到；$L_{ta,z}$、$L_{za,z}$、$L_{xy,z}$ 均为机床的尺寸参数，可以通过测量获得。刀具位姿在工件坐标系 CSW 和刀位点坐标系 CST 之间的映射关系可以表达为

$$
\begin{bmatrix} P_x & P_y & P_z & 1 \end{bmatrix}^{\mathrm{T}} = T_t^{(w)} \cdot \begin{bmatrix} 0 & 0 & 0 & 1 \end{bmatrix}^{\mathrm{T}} \quad \begin{bmatrix} U_x & U_y & U_z & 1 \end{bmatrix}^{\mathrm{T}} = T_t^{(w)} \cdot \begin{bmatrix} 0 & 0 & 1 & 0 \end{bmatrix}^{\mathrm{T}}
$$

则有

$$
\begin{cases}
P_x = s_x \\
P_y = s_y + L_{ta,z}\sin A \\
P_z = s_z + L_{xy,z} - L_{za,z} - L_{ta,z}\cos A \\
U_x = 0 \\
U_y = -\sin A \\
U_z = \cos A
\end{cases}
\tag{5-17}
$$

式中，P_x、P_y、P_z、U_x、U_y、U_z 为刀具在工件坐标系 CSW 下的空间位姿，是已知量。其一般通过 CAM 软件对被加工表面进行刀具轨迹规划后，以刀位文件的形式展现出来。则由式（5-17）解得各联动轴的运动参数如下：

$$\begin{cases} s_x = P_x \\ s_y = P_y - L_{ta,z} \sin A \\ s_z = P_z - L_{xy,z} + L_{za,z} + L_{ta,z} \cos A \end{cases} \tag{5-18}$$

5.2.2　四轴加工系统综合刚度场建模

为了使仿真结果更符合实际情况，需要全面考虑机床-刀具-模具工件整个加工系统的刚度。在此，设定机床关节、刀具、刀具-机床主轴结合面以及模具工件均发生弹性变形，而且整个加工系统整体符合弹性小变形。在该假设的基础上，根据变形叠加的基本原则，通过雅可比矩阵变换可以得到工件坐标系 CSW 下加工系统的综合柔度矩阵：

$$\begin{aligned} S^{(w)} = S_j^{(w)} + S_{cut}^{(w)} + S_{tou}^{(w)} + S_a^{(w)} - S_i^{(w)} = J_j^{(w)} \left[K_j^{(j)} \right]^{-1} \left[J_j^{(w)} \right]^{\mathrm{T}} + J_t^{(w)} S_{cut}^{(t)} \left[J_t^{(w)} \right]^{\mathrm{T}} \\ + J_t^{(w)} S_{tou}^{(t)} \left[J_t^{(w)} \right]^{\mathrm{T}} + J_t^{(w)} S_a^{(t)} \left[J_t^{(w)} \right]^{\mathrm{T}} - \left[K_i^{(w)} \right]^{-1} \end{aligned} \tag{5-19}$$

在得到综合柔度矩阵后，对其求逆矩阵即可得到综合刚度矩阵 $K^{(w)}$，进而完成综合刚度场模型的建立。其中，根据文献[7]中的方法，不仅可求得各子系统的柔度矩阵以及将其变换到工件坐标系 CSW 下的雅可比矩阵，还可以求得表示柔性运动轴与刀具运动空间的微分位移关系和受力传递关系的雅可比矩阵。

获得工件坐标系 CSW 下加工系统综合柔度矩阵 $S^{(w)}$ 后，再根据 $K = S^{-1}$ 关系式综合柔度矩阵 $S^{(w)}$ 求逆矩阵获得综合刚度矩阵 $K^{(w)}$，$K^{(w)}$ 是一个 6×6 矩阵。由于在刀具与工件相互作用的过程中，力的影响远大于力矩，因此将刚度矩阵 $K^{(w)}$ 进行解耦得位移刚度矩阵 K_f。在此，设定 $S_f = (K_f^{\mathrm{T}} K_f)^{-1} K_f^{\mathrm{T}}$，由于 $f = K_f \delta v$，则 $S_f f = \delta v$。如果考虑 $\delta v^{\mathrm{T}} \delta v = 1$ 时的综合刚度场，则有

$$\delta v^{\mathrm{T}}\delta v = f^{\mathrm{T}}S_f^{\mathrm{T}}S_f f = \begin{bmatrix} f_x & f_y & f_z \end{bmatrix} S_f^{\mathrm{T}}S_f \begin{bmatrix} f_x \\ f_y \\ f_z \end{bmatrix} = 1$$

式中，$\begin{bmatrix} f_x & f_y & f_z \end{bmatrix} S_f^{\mathrm{T}}S_f \begin{bmatrix} f_x \\ f_y \\ f_z \end{bmatrix} = 1$ 是正定二次型。系数矩阵 $S_f^{\mathrm{T}}S_f$ 为 3×3 的实对称矩阵，其特征值为 β_1、β_2 和 β_3。根据实对称矩阵的性质，不同特征值所对应的特征向量是相互正交的，则根据二次型同标准型的转化关系可得

$$\beta_1 f_x^2 + \beta_2 f_y^2 + \beta_3 f_z^2 = 1 \qquad (5\text{-}20)$$

因此，可将该二次型在空间坐标系中表示为一个椭球面，椭球的各个半轴长度分别为 $\lambda_1 = 1/\sqrt{\beta_1}$、$\lambda_2 = 1/\sqrt{\beta_2}$、$\lambda_3 = 1/\sqrt{\beta_3}$。

如图 5-8 所示，力椭球的各个几何特性可以表征加工系统切削工件时在采样点位置的刚度（即切削位置）的性能，因而可以将其设立为刚度性能评价指标。同时，力椭球的最短轴 $\lambda(\lambda = \min(\lambda_1,\lambda_2,\lambda_3))$ 反映了模具加工系统在该采样点处的最小刚度性能，这个特性可作为刀具或工作台空间位姿的评价指标。对刀具空间位姿进行调整，使得 λ 最大化，进而获取此采样点切削加工时的最佳位姿。

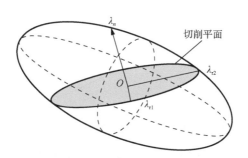

图 5-8　考虑切削平面的力椭球

在模具曲面采样点处的法向量方向引入力椭球，据此对被加工型面的刚度性能进行分析与评价。图 5-8 中，λ_{r1} 为该椭圆的短半轴，λ_{r2} 为该椭圆的长半轴，λ_n 为沿加工曲面法向的椭球半轴。通过计算获得采样点的法向量 n，并将其在力椭球空间中表示出来，同时通过法向量计算采样点的切平面（即切削平面），它经过力椭球的中心与椭球面相交，交线为一个椭圆。

$\lambda_{\tau1}$、$\lambda_{\tau2}$、λ_n 均为采样点的刚度性能指标。$\lambda_{\tau1}$ 和各向同性度 $\mu_\tau(\mu_\tau = \lambda_{\tau1} / \lambda_{\tau2})$ 越大表示切削平面内的刚度性能越好，同等切削条件下，这对加工过程中刀具的轴向切触角影响小，对切削的径向变形影响小，可作为提高加工速率的依据，即通过适当增加进给速度来对切削参数进行调节与优化；而 λ_n 数值越大，说明加工系统在切削平面法向方向的刚度性能越好，同等切削力的条件下刀具的径向切触角影响小，可减小加工的轴向变形，因此其对于加工精度的提高有利，即通过调整刀具进给方向优化整个型面加工的刀具路径。汽车模具复杂型面基于力椭球的刚度性能分析示意图如图 5-9 所示。

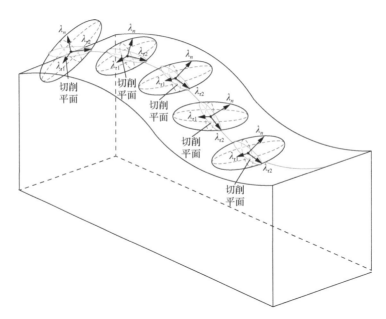

图 5-9　汽车模具复杂型面基于力椭球的刚度性能分析示意图

上述加工曲面法向的椭球半轴 λ_n、椭圆的短半轴 $\lambda_{\tau1}$、椭圆的长半轴 $\lambda_{\tau2}$，以及铣削路径方向的椭圆半轴 λ_α，均为采样点的综合刚度性能指标。可以根据实际需求，选取某一刚度性能指标，对所有采样点进行同样计算，通过插值方法绘制模具曲面的综合刚度性能云图。该刚度性能云图对于模具加工过程中提高加工效率以及加工质量有很大的帮助。

5.3　模具加工系统综合刚度场分析

5.3.1　考虑刀具位姿的综合刚度场分析

针对曲面模具，以凸曲面模具为例，根据所建立的四轴加工系统的综合刚度场模型，来分析加工系统综合刚度场特性。设凸曲面模具曲率半径为100mm，长为2.0m，宽为1.5m。选取模具上的采样点 i 为研究对象进行分析，其在工件坐标系下的坐标为(-1.86×10^{-2}m, -6.76×10^{-3}m, -5.35×10^{-3}m)，通过查阅采样点柔度矩阵数据库得到采样点 i 的柔度矩阵为

$$
S_i^{(w)} = \begin{bmatrix}
4.16 \times 10^{-10} & 1.89 \times 10^{-9} & 7.65 \times 10^{-10} & 4.35 \times 10^{-10} & 9.35 \times 10^{-10} & -1.72 \times 10^{-9} \\
-5.34 \times 10^{-9} & 1.07 \times 10^{-8} & -7.64 \times 10^{-9} & 1.23 \times 10^{-8} & -5.25 \times 10^{-9} & -1.21 \times 10^{-8} \\
3.21 \times 10^{-9} & -4.97 \times 10^{-9} & 7.54 \times 10^{-9} & -8.91 \times 10^{-9} & 6.27 \times 10^{-9} & 5.89 \times 10^{-9} \\
-5.83 \times 10^{-9} & 1.05 \times 10^{-8} & -1.07 \times 10^{-8} & 1.46 \times 10^{-8} & -8.17 \times 10^{-9} & -1.22 \times 10^{-8} \\
2.97 \times 10^{-9} & -5.30 \times 10^{-9} & 7.04 \times 10^{-9} & -8.68 \times 10^{-9} & 5.76 \times 10^{-9} & 6.14 \times 10^{-9} \\
5.16 \times 10^{-9} & -9.39 \times 10^{-9} & 7.45 \times 10^{-9} & -1.14 \times 10^{-8} & 5.26 \times 10^{-9} & 1.08 \times 10^{-8}
\end{bmatrix}
$$

然后将其坐标及刚度矩阵代入式（5-19）中求得综合柔度矩阵，并建立综合刚度场模型再进行分析。将加工系统 A 轴的转角预设为0°、10°、20°，其余参数固定，对采样点 i 的综合刚度矩阵进行计算，随后进行矩阵变换，进而构建出 A 轴不同转角下的力椭球。如图5-10所示，分析以不同 A 轴转角加工凸曲面模具采样点 i 的刚度场。

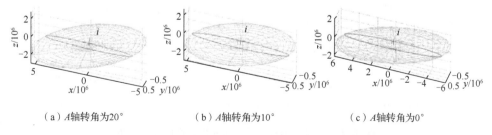

（a）A轴转角为20°　　　（b）A轴转角为10°　　　（c）A轴转角为0°

图5-10　不同 A 轴转角时采样点切削平面的空间示意图

由于力椭球计算出的是无量纲的数值，所以只能进行系统刚度的大小比较。通过计算获得在 A 轴转角分别为 20°、10°、0°时椭球的短半轴分别为 $29.56×10^{-3}$、$37.57×10^{-3}$、$26.05×10^{-3}$，A 轴转角为 10°时的椭球短半轴最大，因此刀具姿态为 A=10°时，该点的综合刚度性能最好。再将凸曲面模具的曲面形状引入力椭球中，通过计算获得采样点 i 的法向量为(−0.067, 0.35, 0.95)，以此法向量作该点在不同 A 轴转角时的切削平面。在获取了最佳刀具姿态之后，根据采样点 i 的切削平面与椭球相交的椭圆面的二维图，可以计算出最佳进刀方向。

在图 5-10 中，采样点 i 位于坐标系原点，用椭圆长轴表示最佳进刀方向。对切削平面内的刚度性能进行分析，其中实线方向为椭圆截面的半长轴方向，表示沿该方向加工的刚度性能最好。经计算，当椭圆半长轴与 X 轴夹角为 6.1°时，系统的综合刚度性能最好。根据上述流程，针对整个凸曲面模具建立考虑刀具位姿的综合刚度场，计算所有采样点的综合刚度矩阵。在面对不同的加工对象时，可以通过选取不同的刚度性能指标来有针对性地进行分析与评价。刚度性能指标既可以是力椭球的长轴也可以是短轴或法向半轴等，其数值均为无量纲。通过插值运算，将数值点拟合成曲面，进而获取加工系统不同 A 轴转角情况下的凸曲面模具刚度性能云图，从而展现整个被加工型面的刚度性能，如图 5-11 所示。A 轴转角为 10°时，其综合刚度值较大，A 轴转角为 20°时综合刚度次之，最弱的是 A 轴转角为 0°时。

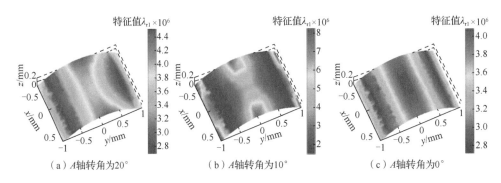

图 5-11　不同 A 轴转角时凸曲面模具刚度性能云图

5.3.2　考虑子系统刚度特性的综合刚度场分析

分析了不同 A 轴转角时凸曲面模具刚度性能后，以椭球短半轴 $\lambda_{\tau 1}$ 这个刚度性能指标，分别对不考虑变形的机床关节、横梁、刀具在综合刚度场中进行分析。假定机床关节、横梁、刀具在加工过程中的变形为零，即刚度无穷大，然后通过多组数值计算建立综合刚度性能云图，寻找对加工系统整体刚度性能贡献最大的加工系统子系统，然后对其进行优化和改进。

通过对比可知，当未考虑机床关节变形即视机床关节刚度为无穷大时，如图 5-12（a）所示，系统的综合刚度性能云图与考虑机床关节变形时的数据大小以及图形趋势并无太大变化，这表明机床关节的刚度对加工系统综合刚度场变化的贡献并不大。然而，在未考虑横梁变形时（即假定横梁的刚度无穷大时），系统的综合刚度性能变化较大。类似地，未考虑刀具变形时的系统综合刚度性能变化也较大。如图 5-12（b）所示，刀具以及机床横梁的刚度对加工系统综合刚度场的贡献较大。如图 5-12（c）所示，若不考虑刀具本身的变形，就会发现整个加工系统的刚度场变化较大，而这主要与机床横梁变形有关。

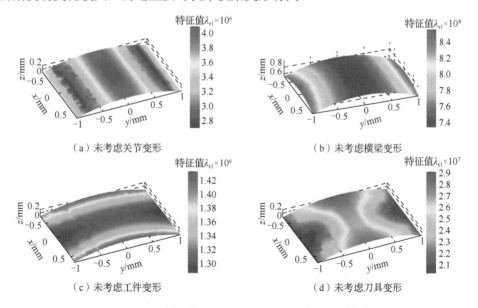

图 5-12　不考虑某子系统变形的综合刚度性能云图

通过以上分析发现，在考虑到刀具的刚度对系统综合刚度场的贡献较大以及实际加工过程中刀具可更换这一特点，将原来的 R216.64-08030-A009G 刀具替换为刚度性能更强的 R216.64-10030-A011 刀具。

更换刀具后的加工系统综合刚度性能云图如图 5-13 所示。通过对比发现，在更换了刚度更强的刀具之后，凸模整体的刚度性能提升了近 25%，同时，原来刚度较为薄弱部位的刚度性能也提升了约 18%，这表明刀具的选用对加工过程中模具的刚度性能有很大影响。进一步地，这也从加工系统刚度场分析的角度说明刀具的优选对加工效率和加工质量有很大影响。

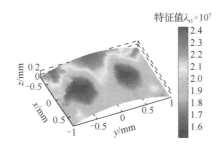

图 5-13　更换刀具后的加工系统综合刚度性能云图

最后以图 5-4 所示的汽车前盖板模具模型为例，通过计算汽车前盖板模具的法向量，将汽车前盖板模具的曲面形状引入刚度场中，分析汽车前盖板模具型面在切削平面以及切削平面法矢方向的综合刚度性能。设定切削平面与椭球相交的椭圆短半轴为 $\lambda_{\tau 1}$，椭球在切削平面法向的半轴为 λ_n，以 $\lambda_{\tau 1}$ 和 λ_n 两项特征值作为刚度性能指标，绘制综合刚度性能云图，如图 5-14 所示。

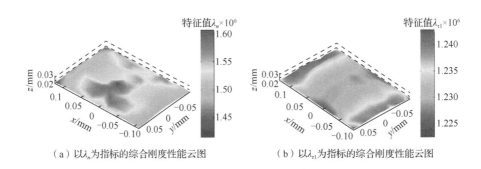

（a）以 λ_n 为指标的综合刚度性能云图　　　　（b）以 $\lambda_{\tau 1}$ 为指标的综合刚度性能云图

图 5-14　考虑汽车前盖板模具曲面的综合刚度性能云图

由图 5-14 可知，在铣削过程中，该汽车前盖板模具靠近轴心的部分在切削平面内的刚度性能均较强，而远离轴心的部分在其法向的刚度性能较差，这将对加工精度产生较大的影响。因此在加工过程中最好能够加强对模具四周部分的夹持，通过对其变形进行一定程度上的约束，从而提高加工系统的综合刚度。以上采样点的力椭球空间示意图以及加工系统的综合刚度性能云图较为直观地展现出四轴加工系统在加工汽车前盖板模具时的系统综合刚度性能分布情况。本章分别针对系统刚度性能贡献较大的子系统，在考虑汽车模具型面特征后其切削平面内的刚度性能分布、模具曲面法向的刚度性能分布后进行了详细刚度性能分析。这对发现整个加工系统刚度的薄弱环节，寻找加工过程中对整体刚度性能影响较大的因素，优化刀具路径和刀具空间位姿，提高加工精度与加工效率都有很大帮助。

5.4　实 验 验 证

实验机床为 MEGAMILL 龙门加工中心，设 C 轴不动，A 轴转动（铣头绕 Y 轴摆动），加工汽车前盖板模型样件。汽车前盖板模型样件加工现场如图 5-15 所示。

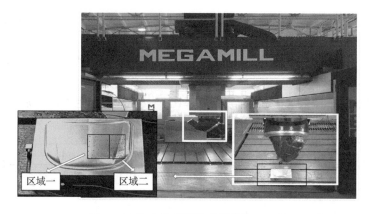

图 5-15　汽车前盖板模型样件加工现场

刀具分别采用 ϕ8mm 和 ϕ10mm 的戴杰二刃整体硬质合金球头立铣刀，工件材料为 Cr12MoV。模具加工系统振动测试选用 PCB 加速度传感器，灵敏度为 10.42mV/g，数据采集和分析采用东华 DH5922 信号采集分析系统，电荷放大器型号为 Kistler 5007。实验中对 A 轴转角进行预先设定，以期验证曲面模具加工系统综合刚度场对切削振动、加工误差的影响。

首先分别使用 ϕ8mm 和 ϕ10mm 立铣刀进行汽车前盖板模型铣削的振动实验，铣削过程中轴向铣削深度为 0.2mm，进给速度分别为 1000mm/min、1200mm/min、1400mm/min，主轴转速为 4500r/min。当 A 轴处于不同的转角时，工作台的姿态会随之改变，刀位点的综合刚度性能也会随之改变。刀位点的刚度性能越好，振动越小，加工精度越高；反之，若刚度性能越差，振动越大，加工精度越低。为了确定最优的工作台姿态，对 A 轴转角进行预先设定，在设定的铣削路径上进行仿真和实验，得到最佳工作台姿态。

拟通过振动幅值来间接证明模具加工系统综合刚度分析的有效性。由考虑模具型面曲率影响下的铣削系统动力学模型可知：

$$M_c \ddot{q}_c(t) + C_c \dot{q}_c(t) + K_c q_c(t) = \begin{bmatrix} P_x^{\mathrm{T}} Fqu_x \\ P_y^{\mathrm{T}} Fqu_y \end{bmatrix} e^{i\omega t} \tag{5-21}$$

式中，M_c 为系统的质量；C_c 为系统的阻尼；K_c 为系统的刚度；$\begin{bmatrix} P_x^{\mathrm{T}} Fqu_x \\ P_y^{\mathrm{T}} Fqu_y \end{bmatrix} e^{i\omega t}$ 为

动态激励；ω 为动态激励的频率；动力学模型的解为 $x = \dfrac{Fqu_x}{k} \beta e^{i(\omega t - \theta)} =$

$A e^{i(\omega t - \theta)}$，$y = \dfrac{Fqu_y}{k} \beta e^{i(\omega t - \theta)} = A e^{i(\omega t - \theta)}$，静变形 $B_x = \dfrac{Fqu_x}{k}$、$B_y = \dfrac{Fqu_y}{k}$；振幅

放大因子 $\beta(s) = \dfrac{1}{\sqrt{(1 - x^2)^2 + (2\xi s)^2}}$，频率比 $s = \dfrac{\omega}{\omega_0}$，$\xi$ 为阻尼比。那么振动幅值

$$\left(A_x = \frac{Fqu_x}{k} \frac{1}{\sqrt{(1 - s^2)^2 + (2\xi s)^2}}, \quad A_y = \frac{Fqu_y}{k} \frac{1}{\sqrt{(1 - s^2)^2 + (2\xi s)^2}} \right)$$

与静变形量（$B_x = \dfrac{Fqu_x}{k}$，$B_y = \dfrac{Fqu_y}{k}$）成正比，与静刚度成反比，故模具加工系统综合刚度的大小通过测试振动幅值的大小获得间接验证。

假设图 5-4 中的平缓面为区域一，在 $A=0°$ 铣削加工区域一时，系统的综合刚度性能较强，振动幅值较小，加工精度较好，这时刀具的进给方向与模具曲面的法线成 88.4°角。当 $A=20°$ 时系统的综合刚度性能最差，振动最大，加工精度最差。在区域一加工时，汽车前盖板模具模型的振动情况如图 5-16（a）～（c）所示。

假设图 5-4 中的陡峭面为区域二，当 $A=0°$ 铣削加工区域二时，沿切削路径方向的椭圆半轴 λ_a 很短，其长度几乎等于椭圆短半轴。这意味着当 $A=0°$ 时，加工系统沿刀具进给方向的刚度性能很差。汽车前盖板模具振动情况如图 5-16（d）所示。当 $A=10°$ 时，沿铣削路径方向的椭圆半轴 λ_a 几乎为椭圆的长半轴，其长度达到最大值，进一步说明此时系统沿刀具进给方向的刚度性能最优，汽车前盖板模具模型振动如图 5-16（e）所示。这时四轴机床上刀具的进给方向与模具曲面的法线成 89°角，接近垂直。当 $A=20°$ 时，沿铣削路径方向的椭圆半轴 λ_a 变长，这意味着此时系统沿刀具进给方向的刚度性能有所改善，汽车前盖板模具模型振动如图 5-16（f）所示。

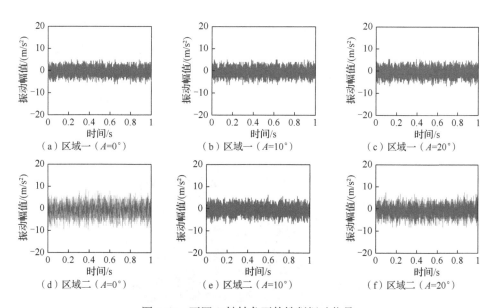

图 5-16　不同 A 轴转角下的铣削振动信号

针对区域二，不同刀具进给速度下汽车前盖板模具的铣削过程振动信号的最大振动幅值数据结果如表 5-1 所示。

表 5-1 区域二不同刀具进给速度下汽车前盖板模具的
铣削过程振动信号的最大振动幅值数据　　　　　单位：m/s²

	DV-OCSB2080-14T			DV-OCSB2100-L140		
	1000mm/min	1200mm/min	1400mm/min	1000mm/min	1200mm/min	1400mm/min
$A=0°$	7.4	7.7	8.1	7.1	7.5	8.1
$A=10°$	5.6	5.8	6.7	5.4	5.6	6.6
$A=20°$	6.5	6.7	7.5	6.4	6.5	7.2

为了验证加工系统综合刚度性能对加工精度的影响，采用三坐标测量机对不同直径刀具加工的前盖板模具模型的区域一和区域二的法向加工误差分别进行测量。由于前盖板模具模型尺寸较小，忽略了加工机床的几何误差等。

实验中，采用德国温泽公司生产的 LH8107 型三坐标测量机，如图 5-17 所示，其直线测量精度为 $±(2.5+L/400)μm$，空间精度为 $±(3.0+L/350)μm$（L 为采样长度）。对于汽车前盖板模具模型曲面，三坐标测量机的测量点设为 84 个（基于模具采样点）。模具曲面加工误差用实际加工曲面上采样点与理论曲面的法向最小距离来表述，区域一和区域二的法向加工误差分布、加工区域的最大和最小法向加工误差等如表 5-2 和图 5-18 所示。

图 5-17 三坐标测量现场

表 5-2　不同刀具铣削汽车前盖板模型区域一和区域二时的法向加工误差值　单位：mm

	DV-OCSB2080-14T		DV-OCSB2100-L140	
	最大法向加工误差	最小法向加工误差	最大法向加工误差	最小法向加工误差
区域一	0.027	-0.019	0.023	-0.016
区域二	0.041	-0.024	0.038	-0.022

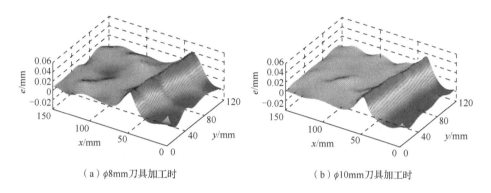

（a）ϕ8mm刀具加工时　　　　　　　　（b）ϕ10mm刀具加工时

图 5-18　区域一、区域二的法向加工误差分布

　　综上所述，刀位点的综合刚度性能越好，加工精度越高，且振动越小；反之，若刀位点综合刚度性能越差，加工精度越低，振动越大。刚性强的刀具有利于加工系统综合刚度性能的提高。

5.5　本 章 小 结

　　本章综合考虑了机床横梁、刀具、摆头、刀具-机床主轴结合面以及模具的曲面特征等，建立了四轴加工系统综合刚度场模型，并完成了如下工作：

　　（1）通过运用雅可比矩阵法求解各采样点的柔度矩阵，基于四轴数控加工系统的运动链模型，最终建立了四轴数控加工系统的综合刚度场模型，并提出综合刚度性能评价指标。

　　（2）通过引入空间力椭球并对其进行解耦，基于三维空间力椭球以及刚度性能云图对刀具的空间姿态、模具型面特征等对加工系统综合刚度场的影响进行分析。模具型面上平缓区域刚度相对较强，而陡峭区域刚度相对较小，更易产生较大的切削振动。因此，在加工过程中应选取刚度较强的刀具，并尽量使四轴机床上刀具的进给方向与模具曲面的法线相垂直，这样可以在系统综合刚度较强的铣削路径下完成复杂曲面的加工，从而获取更高的加工精度和加工效率。

（3）基于单自由度系统受迫振动微分方程分析加工过程中切削振动信号，通过振动幅值的测量间接验证加工系统静刚度优化效果。运用三坐标测量机对模具不同型面进行法向加工误差测量，验证加工系统综合刚度场对加工精度的影响。

参 考 文 献

[1] Cao Q Y, Xue D Y, Zhao J, et al. A cutting force model considering influence of radius of curvature for sculptured surface machining[J]. The International Journal of Advanced Manufacturing Technology, 2011, 54(5): 821-835.

[2] Kim G M, Kim B H, Chu C N. Estimation of cutter deflection and form error in ball-end milling processes[J]. International Journal of Machine Tools and Manufacture, 2003, 43(9):917-924.

[3] Zheng L, Steven Y L, Zhang B, et al. Modelling of end milling surface error with considering tool-machine workpiece compliance[J]. Journal Tsinghua University of Science and Technology, 1998, 38(2): 76-79.

[4] 刘海涛，赵万华. 基于广义加工空间概念的机床动态特性分析[J]. 机械工程学报，2010, 46(21): 54-60.

[5] 丁汉，毕庆贞，朱利民，等. 五轴数控加工的刀具路径规划与动力学仿真[J]. 科学通报，2010, 55(25): 2510-2519.

[6] Wu S, Yang L, Liu X L, et al. Study on performance of integral impeller stiffness based on five-axis machining system [J]. Procedia CIRP, 2016, 56: 485-490.

[7] 吴石，李荣义，刘献礼，等. 复杂曲面模具加工系统综合刚度场建模与分析[J]. 机械工程学报，2016, 52(23): 189-198.

[8] 吴石，杨琳，刘献礼，等. 覆盖件模具曲面曲率特征对球头刀铣削力的影响[J]. 机械工程学报，2017, 53(13): 188-198.

第6章 基于模具型面自适应采样和重构的
加工误差在机测量方法

自由曲面在汽车覆盖件模具上占有极大比重,研究自由曲面加工误差的测量、分析以及后续的数控补偿,对提高模具制造精度、延长刀具和模具使用寿命都极具意义。汽车覆盖件模具通常采用大型数控机床完成加工,加工完成后常运用三坐标测量机对模具型面进行扫描测量,利用测量得到的点云数据基于 NURBS 曲面拟合已加工模具型面,通过比对加工曲面和理论曲面的点云数据,获取型面加工误差。在测量过程中,需要将自由曲面模具移出机床。由于模具尺寸较大,移动过程费时费力,而且这一过程既导致重复定位误差的产生,又影响整个模具的生产效率。为避免费时费力的搬运以及二次装夹带来的误差,在机测量技术应运而生。

在机测量技术是在汽车覆盖件模具加工完后,直接在机床上对模具进行测量,检测与加工均在机床工作台上完成,这既能降低设备成本的投入,又能缩短检测时间,并且还可以避免模具二次装夹带来的误差。在复杂曲面轮廓度误差评定过程中,也涉及复杂曲面上测量点集到理想曲面间最短距离计算,以及两者之间的最优匹配问题。另外,模具的复杂曲面不像规则几何元素那样能通过简单的数学表达式进行定义,并且复杂曲面本身在加工过程中也对表面精度影响较多。如何基于在机测量高效地、准确地重构加工曲面,获得复杂曲面加工误差是目前亟须解决的关键问题。综上所述,本章提出基于在机测量自适应采样来快速获取自由曲面的控制点,根据该控制点重构 NURBS 曲面以获得加工曲面,并与设计的理论曲面进行比较,最后得到复杂模具曲面的加工误差,并对曲面的面轮廓度误差进行评定[1-2]。

6.1 基于模具型面特征的自适应采样模型

模具型面的自适应采样是指提取与型面形状相适应的采样点的集合，该点集应最大限度地反映出型面的特征，该点集的获取对曲面重构技术具有开拓意义。

6.1.1 模具型面自适应采样模型

如图 6-1 所示，选定某质量体，将其离散成多个小体积 ΔV_i，并且每个小体积均受重力影响，设其重力为 p_i，设作用点为 $M_i(x_i, y_i, z_i)$，其重心坐标为 $C(x_e, y_e, z_e)$，则根据合力矩定理，可知该质量体的重心坐标为

$$\begin{cases} x_c = \sum_{i=1}^{n} x_i p_i \bigg/ \sum_{i=1}^{n} p_i \\ y_c = \sum_{i=1}^{n} y_i p_i \bigg/ \sum_{i=1}^{n} p_i \\ z_c = \sum_{i=1}^{n} z_i p_i \bigg/ \sum_{i=1}^{n} p_i \end{cases} \tag{6-1}$$

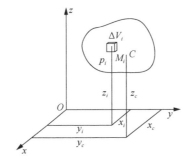

图 6-1 物体重心坐标

设自由曲面的参数方程为

$$p(u,v) = (x(u,v), y(u,v), z(u,v)) \tag{6-2}$$

式中，u、v 为曲面的参数。

在曲面上散布多个采样点，设定其总数为 M，则曲面上采样点集为

$$D = \{1, 2, \cdots, M\}$$

其自适应采样点集为

$$W = \{w_i, i \in D\}$$

设第 i 个自适应采样点所在的邻域采样点集为 N_i，则采样曲面上所有邻域采样点集可以表达为

$$N = \{N_i, i \in D\}$$

式中，$i \notin N_i$，若 $i \in N_j$，则 $j \in N_j$。N_i 不仅可由单个网格的四邻域或者是八邻域定义，亦可由非均匀邻域形式表现出来。

图 6-2 为采样数据点集所在第 i 个点的四邻域点集。若想利用最少采样点集来更为精确地表述型面特征，最直接的方法是根据曲面上曲率的变化来定义采样点。初始设置的自适应采样点 w_i 集合所在位置须满足以下方程组：

$$\begin{cases} u_i = \dfrac{\sum\limits_{j \in N_i} r(w_j) u_j}{\sum\limits_{j \in N_i} r(w_j)} \\[4mm] v_i = \dfrac{\sum\limits_{j \in N_i} r(w_j) v_j}{\sum\limits_{j \in N_i} r(w_j)} \end{cases} \tag{6-3}$$

式（6-3）可改写为

$$w_i = \sum_{j \in N_i} r(w_j) w_j \Big/ \sum_{j \in N_i} r(w_j) \tag{6-4}$$

式中，$r(w_j)$ 为形状函数，可以反映出复杂型面曲率变化规律。

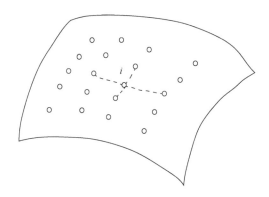

图 6-2 采样数据点集所在第 i 个点的四邻域点集

6.1.2 模具型面自适应采样的形状函数

式（6-4）涉及曲面的形状函数 $r(w_j)$，其表达式如下：

$$r(w_j) = r(u,v) = q + \frac{k(u,v) - \min k(u,v)}{\max k(u,v) - \min k(u,v)} \qquad （6-5）$$

式中，q 为型面网格间距控制元素，其取值范围为 $0 < q < 1$；$k(u,v)$ 为型面的弯曲度；$\max k(u,v)$ 为型面弯曲度最大值；$\min k(u,v)$ 为型面弯曲度最小值。

疏密程度可由网格间距以及控制因子 q 描述。在型面曲率变化较大的陡峭区域需布置较多的采样点，反之在型面曲率变化较小的平缓区域需布置的采样点较少。因此，可以把型面曲率变化的某一恰当界限作为准则，对已经设计好的型面进行采样[1]。

如图 6-3 所示，箭头越长代表型面弯曲程度越高，其形状函数值越大。型面曲率变化剧烈的区域，即 $r(w_j)$ 高的区域，布置较多采样点；型面曲率变化较为平缓的区域，即 $r(w_j)$ 低的区域，布置较少采样点。

采样点布置不可过多，因为涉及效率问题，同时也不可过少，因为影响曲面重构。

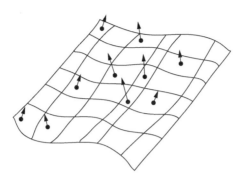

图 6-3　曲面上形状函数大小随曲率分布

6.2　模具型面弯曲度分析与型面自适应采样模型求解

6.2.1　模具型面弯曲度模型

模具型面弯曲度模型作为一种可以精准反映曲面形状特征的数学模型，其形状函数 $r(w_j)$ 的选取极为关键。通常有以下三种弯曲度模型。

设一个曲面的参数表达式为

$$S = \left\{ p(u,v) = (u,v,z(u,v)) \right\} \tag{6-6}$$

第一种弯曲度模型：

$$k(u,v) = \frac{(z_{uu}^2 + z_{vv}^2)^{1/2}}{(1 + z_u^2 + z_v^2)^{3/2}} \tag{6-7}$$

式中，z_u 与 z_v 分别为 z 对 u 与 v 的一阶偏导；z_{uu} 与 z_{vv} 分别为 z 对 u 与 v 的二阶偏导，该公式由曲线曲率的表达式衍生而来。

第二种弯曲度模型与型面主曲率密切相关，其表达形式如下：规定型面 u 方向主曲率为 $k_1 = \dfrac{L}{E}$，型面 v 方向主曲率为 $k_2 = \dfrac{N}{G}$，则

$$k(u,v) = \sqrt{\frac{k_1^2 + k_2^2}{2}} = \sqrt{\frac{1}{2}\left(\left(\frac{L}{E}\right)^2 + \left(\frac{N}{G}\right)^2 \right)} \tag{6-8}$$

第三种弯曲度模型为高斯曲率模型，该模型可以精准地反映出型面的弯曲程度，其表达式为

$$k(u,v) = \left| k_1 k_2 \right| = \left| \frac{LN - M^2}{EG - F^2} \right| \tag{6-9}$$

式中，$k_1 k_2$ 为型面上任意一点的高斯曲率；E、F、G 为型面第一类基本量；L、M、N 为型面第二类基本量。

高斯曲率模型建立方法如下。

设自由曲面 $r = r(u,v)$ 上有一小块区域 σ，建立一个单位球面与之对应。如图 6-4 所示，设 P 为 σ 上任意一点，P 点处作单位法向量 $n = n(u,v)$。同时，在球体的中心处构建一个与之相同的单位法向量 $n = n(u,v)$，且该法向量的末端在单位球面上，设该末端点为 P'。设与 σ 区域对应的区域为 σ^*，据此构建一一对应的关系。当在曲面 $r = r(u,v)$ 上绘制一条自由曲面时，在球面上也会绘制出一条相对应的曲线。

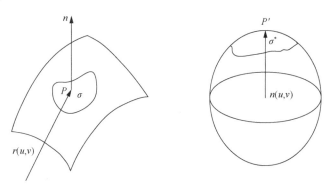

图 6-4　曲面的球面表示

6.2.2　模具型面弯曲度模型的对比

结合以上分析可知，选定哪种弯曲度模型对型面进行采样是表征型面的关键。以马鞍面数学模型为例，其参数表达式为

$$p(u,v) = \left(u, v, -3\left((u-0.5)^2 - (v-0.5)^2 \right) \right) \tag{6-10}$$

式中，u、v 为曲面的参数。

如图 6-5 所示，对 15×15 个采样点进行 150 次迭代，通过对比可知，高斯曲率模型自适应性更佳。虽然上述提出的三种弯曲度模型都可以在相同采样点数目下形成不同的自适应采样模型，但自由曲面曲线与主曲率均方根构筑的模型在不同程度上向曲面曲率变化较大的区域靠拢，曲率越大其靠拢程度越大。相比而言，高斯曲率模型具有更好的自适应性。

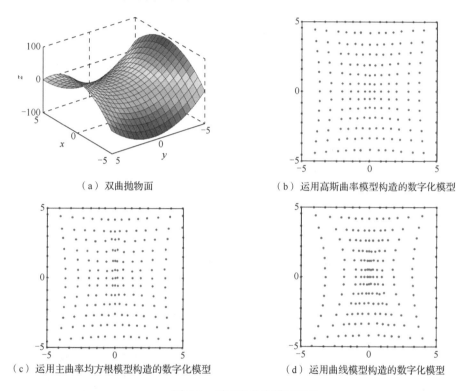

（a）双曲抛物面　　　　　　　　（b）运用高斯曲率模型构造的数字化模型

（c）运用主曲率均方根模型构造的数字化模型　　　（d）运用曲线模型构造的数字化模型

图 6-5　型面弯曲度模型评价

6.2.3　模具型面自适应采样模型的求解

在选取恰当的曲面弯曲度模型后，基于自适应采样算法迭代计算可以得到自适应采样点，其表达式如下：

$$w_i^{i+1} = \sum_{j \in N_i} r(w_j) w_j \bigg/ \sum_{j \in N_i} r(w_j) \tag{6-11}$$

由式（6-11）可知，所有采样点数值均为其邻域加权平均值之和。由于在迭代计算的过程中，所得到的自适应采样网格是不断变化的，因此网格节点向量需要通过采样点 w_i 不断地更新来完成。

整个迭代计算过程的收敛准则如下：

$$\left\| w^{i+1} - w^i \right\| < \varepsilon$$

式中，$\|\cdot\|$ 为数值分析中的范数；ε 为收敛给定采样精度。

为了直观地体现提出的算法，任意选取一抛物面作为实例来进行阐述。假设该抛物面的参数表达式如下：

$$\begin{cases} x = 4v^2 + 55v - 60 \\ y = 10u^2 - 68u \\ z = 6u^2v^2 + 12u^2v + 4u^2 - 35uv^2 + 24uv - 10u - v^2/2 + 5v + 10 \end{cases} \tag{6-12}$$

式中，u、v 为曲面的参数。

抛物面三维曲面模型及数学模型如图 6-6 所示，其中图 6-6（a）为抛物面的三维曲面模型，图 6-6（b）抛物面的数学模型。

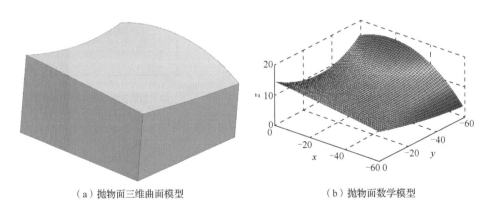

（a）抛物面三维曲面模型　　　　　　（b）抛物面数学模型

图 6-6　抛物面三维曲面模型及数学模型

在此，采取前文所述的自适应采样算法对已经设计好的模型进行计算。求解前设定自由曲面的边界条件，角点可以固定不变，在曲面边界上的点只能沿着一个参数方向变化。

设定初始迭代计算点集为 18×18 的散乱点网格模型，初始离散网格如图 6-7（a）所示。图 6-7（b）是控制因子 q 值选取为 0.2，基于收敛准则，在迭代计算 200 次后所得到的采样网格。

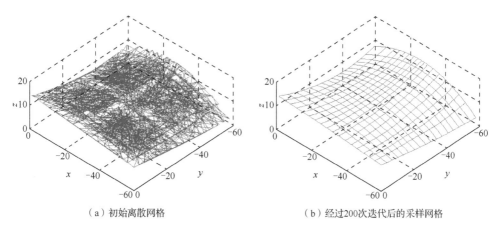

（a）初始离散网格　　　　　　　　　　（b）经过200次迭代后的采样网格

图 6-7　采样网格的生成

基于以上的实例分析与求解，采用前文提及的方法对汽车前盖板模具型面进行自适应采样，部分汽车前盖板模具模型的三维图如图 6-8 所示。自适应采样算法具有自组织特征，经过 60 次迭代后随机网格收敛为矩形拓扑网格，采样的疏密程度依赖于曲面曲率，网格间距可由参数 q 来控制。

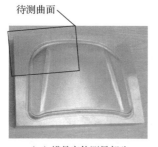 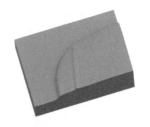

（a）模具实体测量部分　　　　　　　　　（b）设计的三维模型

图 6-8　部分汽车前盖板模具模型的三维图

部分汽车前盖板模具模型的采样点网格分布如图 6-9 所示，图 6-9（a）中采样点网格的形状参数 $q=0.15$，图 6-9（b）中采样点网格的形状参数 $q=0.25$。

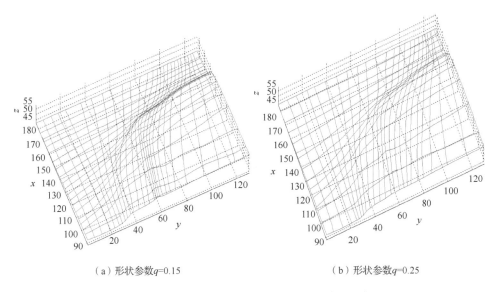

（a）形状参数q=0.15　　　　　　　　　（b）形状参数q=0.25

图 6-9　部分汽车前盖板模具模型的采样点网格分布

随着形状参数 q 的增大，汽车前盖板模具模型中的采样网格节点之间的距离增大，而采样网格对形状特征的描述仍保持相对稳定。因此，可以根据采样网格的这个特点，通过适当控制形状参数值的大小，达到调整采样模型中采样点分布的目的。基于自适应采样原理对部分汽车前盖板模具模型进行采样，共获得 405 个（27×15）采样点，如图 6-10（a）所示，自适应采样点模型如图 6-10（b）所示。

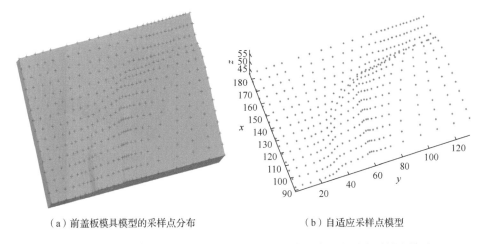

（a）前盖板模具模型的采样点分布　　　　　　（b）自适应采样点模型

图 6-10　部分汽车前盖板模具模型的采样点分布及自适应采样点模型

通过分析以上实例中描述的抛物面模型和汽车前盖板模具的自适应网格迭代计算过程可知:

(1) 疏密程度可由网格间距以及控制因子 q 描述,因此通过控制因子 q 的调节可以完成对采样网格最终形态的调节。

(2) 通过对所列举实例的计算分析,进一步证明了高斯曲率模型更加适合复杂曲面自适应采样模型的构建。

6.3　基于 NURBS 曲面的覆盖件模具型面重构方法

6.3.1　NURBS 曲面重构方法

为了更精准地分析数控加工误差,需要将数控加工后的工件型面描述出来。NURBS 曲面的重构方法首先是基于在机测量或者其他技术提取切削加工后型面一定量测量点的坐标数据,然后利用逆向反求的方法来重新求取与确定加工后曲面的 NURBS 表达形式[2]。

NURBS 曲面重构方法分为三种:第一种方法是曲面插值算法,即通过利用加工实际曲面上已知点的坐标数值进行插值构建 NURBS 曲面。该方法的缺点是其所需的测量点数据量巨大,只能通过大量插值来确保所得到曲面的精度,不仅降低了测量效率也浪费了大量时间。第二种方法是曲面逼近算法,该算法基于最小二乘法理论,同样需要用大量的采样点数据,故该方法工作量也很大。第三种方法是基于已知初始设计曲面,利用在机测量技术获取少量坐标点数据,通过调整 NURBS 曲面形状获取重构曲面。该方法所需的测量点数远小于前两种方法,极大地提高了效率。

NURBS 曲面与 NURBS 曲线相类似,均有三种精确的表达式,三种形式虽然性质相同,但不同表达式的意义却有所不同。

1. 有理分式表示

NURBS 曲线的向量可表示为多项式形式，表达式如下：

$$C(u) = \frac{\sum\limits_{i=0}^{n} N_{i,k}(u)\omega_i P_i}{\sum\limits_{i=0}^{n} N_{i,k}(u)\omega_i} \qquad (6\text{-}13)$$

式中，P_i 为控制点；ω_i 为权因子；u 代表参数值；$N_{i,k}(u)$ 为 p 阶规范 B 样条基函数，其表达式为

$$\begin{cases} N_{i,0}(u) = \begin{cases} 1, \ u_i \leqslant u \leqslant u_{i+1} \\ 0, \ \text{其他} \end{cases} \\ N_{i,k} = \dfrac{u - u_i}{u_{i+k} - u_i} N_{i,k-1}(u) + \dfrac{u_{i+k+1} - u}{u_{i+k+1} - u_{i+1}} N_{i+1,k-1}(u) \end{cases} \qquad (6\text{-}14)$$

其中，k 为幂次；$u_i(0,1,2,\cdots,m)$ 为节点，由节点构成节点矢量 U：

$$U = (u_0, u_1, \cdots, u_{m+k+1})$$

NURBS 曲面为张量积形式的 B 样条曲面，其中 $k \times l$ 次的 NURBS 曲面有理分式如下：

$$p(u,v) = \frac{\sum\limits_{i=0}^{m}\sum\limits_{j=0}^{n} \omega_{i,j} d_{i,j} N_{i,k}(u) N_{j,l}(v)}{\sum\limits_{i=0}^{m}\sum\limits_{j=0}^{n} \omega_{i,j} N_{i,k}(u) N_{j,l}(v)} \qquad (6\text{-}15)$$

式中，$d_{i,j}(i = 0,1,2,\cdots,m; j = 0,1,2,\cdots,n)$ 为曲面控制点；$\omega_{i,j}$ 为权因子，权因子与控制点相互关联。当 $\omega_{i,j} = 1$ 时，$N_{j,k}(u)$ 与 $N_{j,l}(v)$ 分别为型面 u 向 k 次、v 向 l 次非常规 B 样条基函数。节点矢量 U、V〔$U = (u_0, u_1, \cdots, u_{m+k+1})$、$V = (v_0, v_1, \cdots, v_{n+l+1})$〕对 k 次与 l 次分段多项式函数给出了相应的定义。

尽管 NURBS 曲面能够被推广为一种张量积形式的自由曲面，但其并非该形式的曲面，两者存在差异，而这种差异可由有理基函数与齐次坐标两种表示形式展现出来。

2. 有理基函数表示

NURBS 曲面的第二种表达形式为有理基函数，其具体形式如下：

$$p(u,v) = \sum_{i=0}^{m} \sum_{j=0}^{n} d_{i,j} R_{i,k;j,l}(u,v) \tag{6-16}$$

式中，$R_{i,k;j,l}(u,v)$ 为双变量有理基函数，其表达式为

$$R_{i,k;j,l}(u,v) = \frac{N_{i,k}(u)N_{j,l}(v)\omega_{ij}}{\sum\limits_{i=0}^{m}\sum\limits_{s=0}^{n} N_{i,k}(u)N_{s,l}(v)\omega_{r,s}} \tag{6-17}$$

$R_{i,k;j,l}(u,v)$ 有如下性质。

（1）局部支撑性：当 $u \notin [u_i, u_{i+k+1}]$ 或 $v \notin [v_j, v_{j+l+1}]$ 时，$R_{i,k;j,l}(u,v)=0$。规范性：$\sum\limits_{i=0}^{m}\sum\limits_{j=0}^{n} R_{i,k;j,l}(u,v)=1$。

（2）可微性：形成 NURBS 曲面的各个微小矩形区域函数均可求偏导，而且该函数在相应节点与方向上连续可微。

（3）存在极值：当曲面的阶次 $k,l>1$ 时，型面上存在一个极大值。

（4）$R_{i,k;j,l}(u,v)$ 是一种具有曲面的有理 B 双变量样条基函数的推广形式，并且当所有的 $\omega_{i,j}=1$ 时 $R_{i,k;j,l}(u,v)=N_{i,k}(u)N_{j,l}(v)$。

3. 齐次坐标表示

齐次坐标表示作为 NURBS 曲面的第三种表达形式，其形式如下：

$$p(u,v) = H\{p(u,v)\} = H\left\{ \sum_{i=1}^{m} \sum_{j=1}^{n} D_{i,j} N_{i,k}(u)N_{j,l}(v) \right\} \tag{6-18}$$

式中，$H\{\}$ 代表中心投影变换，坐标原点即投影中心；$D_{i,j}=(\omega_{i,j}d_{i,j},\omega_{i,j})$ 代

NURBS 曲面控制顶点 $d_{i,j}$ 的齐次坐标；曲面 $\overline{p(u,v)}$ 在 $\omega=1$ 所在的超平面上产生了相应的 NURBS 曲面。

对于齐次坐标的 NURBS 曲面表达形式，若 u 与 v 两个节点矢量均得到了确定，则该表达形式拥有标准的定义域，即形成单位正方形，且 $0 \leqslant u, v \leqslant 1$。在该定义域内，全部域内节点将整个定义域划分成 $(m-k+1) \times (n-l+1)$ 个子矩形域。所以 NURBS 曲面上每一个子矩形曲面片都被定位在某个具有相当面积的子矩形区域上面，是具有一种十分特殊的分片式的参数多项式。

6.3.2　曲面节点反插

NURBS 曲面的重构方法就是利用在机测量技术或者其他方法,提取数控加工后曲面的少量测量点的坐标数据，即利用逆向反求法来重新求取与确定加工后曲面的 NURBS 表达形式。

节点插入方法的选取是 NURBS 曲面形状控制的关键。NURBS 曲面拥有 u 与 v 两个方向的节点矢量，由于插入曲面中的节点矢量都不具有清晰的几何意义，因此不可直接插入节点。在此，采用 NURBS 曲线反插节点法，在控制网格中插入适当的控制节点，然后计算出插入后的节点。

假设控制点为 d_u，若要在曲面的 u 向插入新的节点，需将控制点 d_u 置于曲面控制网格中 $\overline{d_{i,j}d_{i+1,j}}$ 所在的那条边上，则可得

$$d_u = \frac{(1-\alpha)\omega_{i,j}d_{i,j} + \alpha\omega_{i+1,j}d_{i+1,j}}{(1-\alpha)\omega_{i,j} + \alpha\omega_{i+1,j}} \qquad (6\text{-}19)$$

经过推导可得

$$\alpha = \frac{\omega_{i,j}\overline{d_ud_{i,j}}}{\omega_{i,j}\overline{d_ud_{i,j}} + \omega_{i+1,j}\overline{d_ud_{i+1,j}}} \qquad (6\text{-}20)$$

由 NURBS 曲线插入新节点的方法可知：

$$u = u_i + 1 + \alpha(u_{i+k+1} - u_{i+1}) \qquad (6\text{-}21)$$

与 u 向插入节点的方法相同，在 v 向设 d_v 为控制点，将控制点 d_v 置于控制网格 $\overline{d_{i,j}d_{i,j+1}}$ 的那条边上，则可得

$$\beta = \frac{\omega_{i,j}\overline{d_v d_{i,j}}}{\omega_{i,j}\overline{d_v d_{i,j}} + \omega_{i+1,j}\overline{d_v d_{i+1,j}}} \qquad （6-22）$$

$$v = v_{j+1} + 1 + \beta(v_{j+k+1} - v_{j+1}) \qquad （6-23）$$

如图 6-11 所示，在整个插入节点过程中，新的顶点会代替某些旧的顶点。如果仅仅在原始控制网格的 u 向或 v 向中插入新的控制点，则该方向上每排顶点或该方向上每列节点都会增加一个。

（a）原始控制网格　　　　　　（b）插入 d_u 后的网格　　　　（c）插入 d_u 与 d_v 后的控制网格

图 6-11　用于曲面的反插节点

6.3.3　曲面控制权因子的修正

权因子对重构 NURBS 曲面十分关键，主要体现在以下两方面。

（1）当控制 NURBS 曲面的权因子 $\omega_{i,j}$ 不断增大时，NURBS 曲面整体会被逐渐拉向相应的控制顶点 $d_{i,j}$，若其不断减小，则曲面整体将被推离控制顶点 $d_{i,j}$。

（2）当控制 NURBS 曲面的权因子 $\omega_{i,j}$ 趋近于无穷大时，权因子 $\omega_{i,j}$ 对应的控制点 $d_{i,j}$ 会使 NURBS 曲面的子矩形区域的点沿着一条直线不断地变化，而其他控制点保持不变。

基于以上两方面特征，可以通过对控制权因子适当调整与修正来控制 NURBS 曲面的形状。

对于图 6-12 所示的一块子矩形区域 $u_i < u < u_{i+k+1}$，$v_j < v < v_{j+l+1}$ 曲面上的一点 p 来说，它将被沿着某方向拉伸到 q 点，两点间距离为 s。

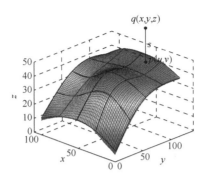

图 6-12　NURBS 曲面

若修改曲面需要移动的方向刚好通过对应的控制点 $d_{i,j}$，此时就可以寻找相应的权因子 $\omega_{i,j}$，并将其修改为 $\omega_{i,j}^{*}$，从而实现将 p 点一直拉伸到 q 点，所以根据这个方法可以得到重新定位的权因子：

$$\omega_{i,j}^{*} = \omega_{i,j}\left[1+\frac{s}{R_{i,k;j,l}(u,v)(\overline{d_{i,j}p}-s)}\right] \qquad (6\text{-}24)$$

式中，s 代表拉伸移动方向上移动的距离。如果 p 点和控制点 $d_{i,j}$ 之间存在 q 点则曲面形状将被拉向控制点 $d_{i,j}$，此时 s 为正；反之，如果 p 点和控制点 $d_{i,j}$ 之间不存在 q 点则曲面形状将被推离控制点 $d_{i,j}$，此时 s 为负。

6.3.4　曲面控制点的重新定位与界定曲面的修改

1. 曲面控制点的重新定位

假设已知的 $k\times l$ 次 NURBS 曲面的曲面参数为 u 与 v，曲面上有一点 p，对应的方向向量为 c，给定的距离为 s，根据这几个参数可通过计算将原来的控制点 $d_{i,j}$ 移动至新控制顶点 $d_{i,j}^{*}$，即将点 p 在给定方向与给定距离的情况下，从原始点经过给定距离 s 得到新点 p^{*}，其表达式如下：

$$\begin{aligned}p^{*} &= d_{0,0}R_{0,k;0,l}(u,v)+\cdots+(d_{i,j}+\alpha c)R_{i,k;j,l}(u,v)+\cdots\\&+d_{m,n}R_{m,k;n,l}(u,v)=p+\alpha cR_{i,k;j,l}(u,v)\end{aligned} \qquad (6\text{-}25)$$

因此得到

$$\alpha = \frac{s}{|c| R_{i,k;j,l}(u,v)}$$
（6-26）

新的控制顶点 $d_{i,j}^*$ 表达式为

$$d_{i,j}^* = d_{i,j} + \alpha c$$
（6-27）

曲面控制点修改过程如下：在 NURBS 曲面所有已知的控制点当中选取一个控制点 $d_{i,j}$ 后，首先计算与之对应的曲面参数 u 和 v，然后计算曲面上的 p 点，方向矢量则变为 $c=d_{i,j}-p$，最后设定给定距离 s 的增加量，当 s 每增加一次，NURBS 曲面会沿着方向向量 c 与控制点 $d_{i,j}$ 趋近或者是背离，最后可以得到曲面的形状。

通过不断调整控制点可以极为方便地对 NURBS 曲面进行修改，同时此方法对整个 NURBS 曲面影响较小[2]。即通过修改 NURBS 曲面控制点 $d_{i,j}$ 的方法，在已知设计曲面的基础上对其经过加工后的曲面进行重构，从而获得实际加工曲面，仿真效果如图 6-13 所示。

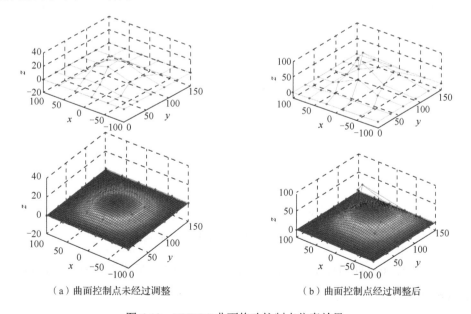

（a）曲面控制点未经过调整　　　　　　（b）曲面控制点经过调整后

图 6-13　NURBS 曲面修改控制点仿真效果

2. 对界定曲面修改

若权因子 $\omega_{i,j}$ 被改变，则将影响定义在子矩形域 $u_i < u < u_{i+k+1}$，$v_j < v < v_{j+l+1}$ 上的那部分曲面形状，这个范围可能比要修改的那部分曲面的范围大。此时有两种方法来解决该问题：

（1）限定一个参数的方向，修改范围仅限于曲面的一条带部分；

（2）限定两个参数的方向，修改只针对一个对应于子矩形域的曲面区域。

如果仅仅是改变控制顶点或者是改变权因子，难以得到满意的结果。所以必须通过对控制点的粗调与权因子的微调相结合的方法才能得到理想的曲面。

6.3.5　NURBS 曲面控制点方法重构抛物面模型

如图 6-14 所示，通过上述自适应采样算法求解抛物面模型得到自适应网格模型，根据自适应网格分布模型布置自适应采样点。首先，根据模具曲面自适应采样网格布置了 18×18 个自适应采样点，然后进行在机测量实验，对得到的模具曲面自适应采样点数据用本章研究的基于 NURBS 曲面控制点方法进行重构。

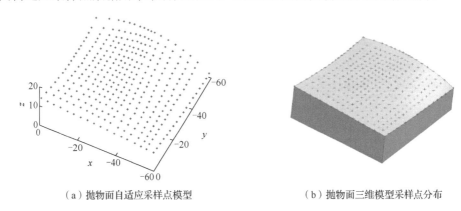

（a）抛物面自适应采样点模型　　　　　　　　（b）抛物面三维模型采样点分布

图 6-14　抛物面采样点的分布

基于 NURBS 曲面控制点重构方法，获得数控加工后实际曲面，其具体流程如图 6-15 所示。

通过数控加工获取如图 6-16（a）所示的抛物面模具样件，基于在机测量提取该样件采样点，如图 6-16（b）所示，并将设计的 324 个采样点输入到数控程序中。

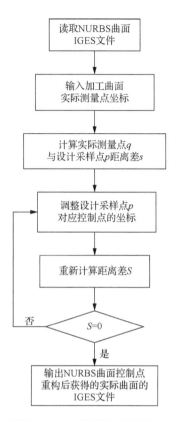

图 6-15　基于 NURBS 曲面控制点重构方法流程图

（a）抛物面模具样件　　　　　　　（b）基于在机测量提取采样点

图 6-16　抛物面模具样件与在机测量提取采样点

如图 6-17 所示，为了验证基于 NURBS 曲面控制点重构方法的优越性，同样选取 NURBS 曲面重构方法进行对比实验，但不加入 NURBS 曲面控制点。

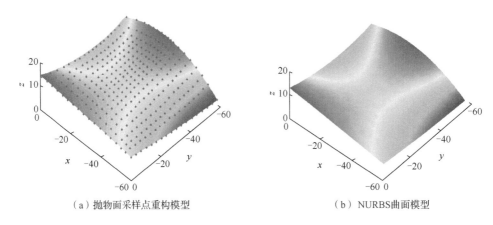

　　　　（a）抛物面采样点重构模型　　　　　　　　（b）NURBS曲面模型

图 6-17　NURBS 曲面重构未加控制点模型

　　NURBS 曲面控制点模型如图 6-18（a）所示，根据提出的方法，在已知设计曲面基础上，将已经选择好的自适应采样点分布在设计曲面上，然后将在机测量实验提取的采样点输入到模型当中。NURBS 曲面控制点重构模型如图 6-18（b）所示，通过对比曲面逼近法和调整控制点的 NURBS 曲面法可知，基于自适应采样点重构的 NURBS 曲面精度提高 10%以上。

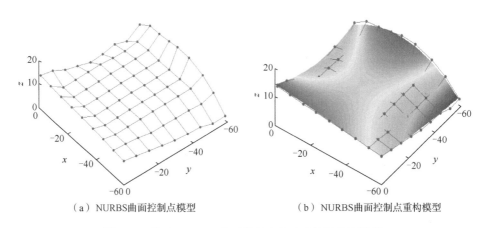

　　（a）NURBS曲面控制点模型　　　　　　　（b）NURBS曲面控制点重构模型

图 6-18　基于 NURBS 曲面控制点方法重构抛物面模型

　　复杂自由曲面很难用一般曲面方程来表示，但利用 NURBS 曲面可以做到精确地表示。$k \times l$ 次 NURBS 曲面表达式如下：

$$p(u,v) = \frac{\sum\limits_{i=0}^{m}\sum\limits_{j=0}^{n} \omega_{i,j} d_{i,j} N_{i,k}(u) N_{j,l}(v)}{\sum\limits_{i=0}^{m}\sum\limits_{j=0}^{n} \omega_{i,j} N_{i,k}(u) N_{j,l}(v)} \qquad (6\text{-}28)$$

式中，$d_{i,j}(i=0,1,2,\cdots,m;j=0,1,2,\cdots,n)$ 为曲面的控制点；$\omega_{i,j}$ 为与控制点 $d_{i,j}$ 相联系的权因子，当所有 $\omega_{i,j}=1$ 时，$N_{i,k}(u)$ 和 $N_{j,l}(v)$ 分别为 u 向 k 次和 v 向 l 次的规范 B 样条基函数，它们是由节点矢量 U、V〔$U=(u_0,u_1,\cdots,u_{m+k+1})$〕、$V=(v_0,v_1,\cdots,v_{n+l+1})$〕决定的 k 次和 l 次的分段多项式，可以由德布尔-考克斯递推公式得到。

由式（6-13）和式（6-14）可知，NURBS 曲面形状与控制点、权因子和节点矢量有关，控制点由自适应采样点决定，这样通过自适应采样点来重构 NURBS 曲面，拟合加工曲面。

6.4　实 验 验 证

本次实验所采用的实验平台软件系统为基于 UG 与 C++开发的哈尔滨理工大学在机测量系统，其软件平台界面如图 6-19 所示。

图 6-19　哈尔滨理工大学在机测量系统主界面

如图 6-20 所示，实验机床采用通用技术集团大连机床有限责任公司生产的三轴立式加工中心 VDL-1000E、哈尔滨先锋公司的 OP550 红外通信测头、BT40 刀柄、信号接收器、数据传输线和装有在机测量软件系统的计算机进行系统搭建和实验。

（a）三轴立式加工中心 VDL-1000E　　　　（b）OP550 红外通信测头与 BT40 刀柄

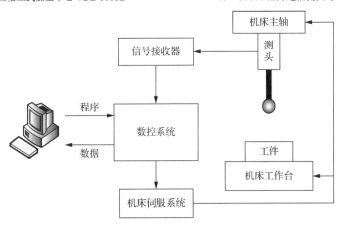

（c）在机测量示意图

图 6-20　在机测量系统的组成

在机测量系统在需要测量的三维几何模型上进行自适应测量点规划，并生成测量程序，将测量程序由通信设备输入到数控机床中，机床利用接触式测头作为开关传感器进行测量。当接触式测头通过数控程序驱动与复杂曲面零件接触时，数控机床会通过无线接收器将曲面坐标信息在线传输回电脑测量软件中，并在其中进行测头的误差补偿计算，最后生成在机测量报告。在机测量软件部分利用 UG 二次开发与 C++语言编辑，主要包含测量点选择模块、测量程序生成模块、数据通信模块、生成测量报告模块等。

实验中，利用哈尔滨先锋公司的 OP550 红外通信测头对加工曲面按照预先设定好的自适应采样点进行在机测量，测量现场如图 6-21 所示。

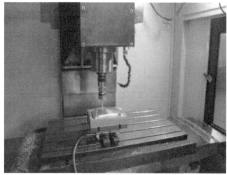

图 6-21　在机测量现场

测量具体流程如下：首先，将部分汽车前盖板模具的三维几何模型（图 6-22）导入 UG 的数控加工模块。设置相应的工艺参数，生成数控代码，将代码输入三轴立式加工中心 VDL-1000E，对工件进行粗加工、半精加工和精加工，得到加工曲面。加工误差的分析取自加工后曲面的一部分。然后，在需要测量的汽车前盖板模具三维几何模型上进行自适应测量点规划，并生成测量程序，将测量程序由通信设备输入数控机床中，机床利用接触式测头作为开关传感器进行测量。测量程序结束后，数控机床将公共变量中存储的坐标数据通过通信设备传回在机测量软件中，进行测头误差补偿和评定计算，最后生成测量报告。

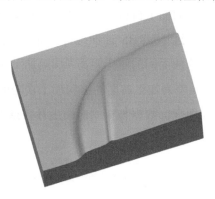

图 6-22　部分汽车前盖板模具的三维几何模型

在机测量系统工作流程如图 6-23 所示。

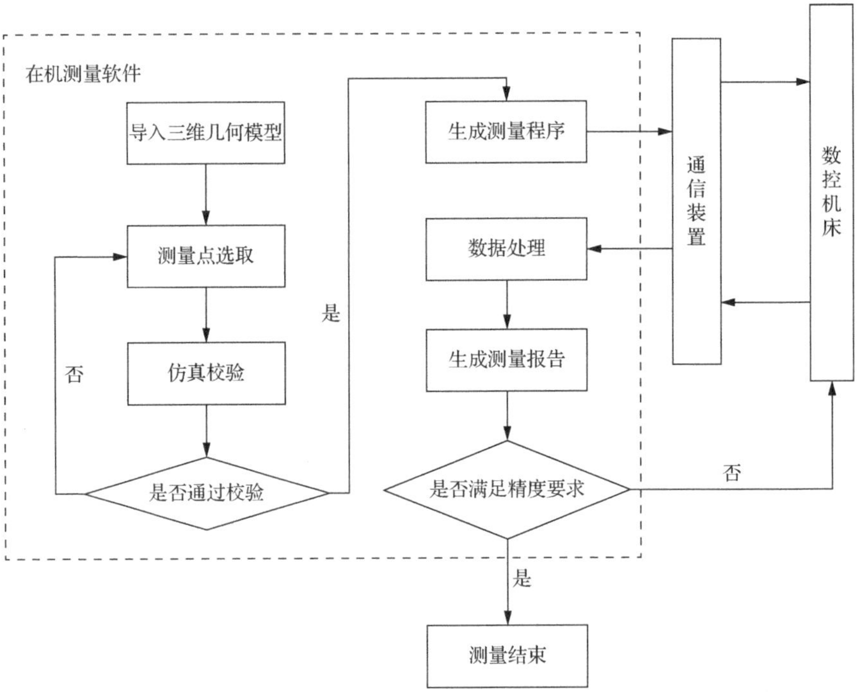

图 6-23　在机测量系统工作流程

为了验证提出方法的可行性，针对加工后的汽车前盖板模具部分区域，基于自适应采样点进行 NURBS 曲面重构。考虑测量过程中测头半径对测量结果的影响，统一对实验获得的自适应采样点的初始坐标数据进行测头半径补偿处理。

在实验过程获得的加工曲面上自适应测量点的坐标数据以 IGES 文件的形式输入到程序中。在程序中通过 NURBS 曲面拟合，提取曲面相关数据点，计算拟合加工曲面的数据点到理论曲面间的法向距离（法向加工误差），从而确定加工曲面的面轮廓度误差[2]，该误差为加工曲面的法向加工误差的二倍。

部分测量点的设计曲面坐标数据与实测曲面坐标数据如表 6-1 所示。

表 6-1　部分测量点的设计曲面坐标数据与实测曲面坐标数据　单位：mm

设计曲面坐标(x, y, z)			实测曲面坐标(x, y, z)		
x	y	z	x	y	z
94.5016	184.2521	41.9114	94.5003	184.2513	41.9087
91.1375	177.1312	41.6582	91.1331	177.1302	41.6498
86.6507	170.6373	41.7116	86.6506	170.6376	41.7103
81.9637	164.2987	42.1531	81.9649	164.2996	42.1602
77.3443	158.2034	43.9076	77.3172	158.2088	43.9264
72.3644	153.7849	48.1343	72.3952	153.7833	48.1466
67.3770	148.3870	50.8787	67.3864	148.3827	50.9081
64.4098	141.6119	53.4361	64.3075	141.6137	53.4413
61.8730	134.2533	54.8982	61.8738	134.2546	54.9012
59.7070	126.6885	55.5418	59.7087	126.6888	55.5615
57.7071	119.0537	55.7822	57.7078	119.0543	55.7912
55.6920	111.4196	55.6809	55.6913	111.4197	55.6911
53.6858	103.7929	55.3156	53.6827	103.7922	55.3239
51.7341	96.1575	54.7736	51.7313	96.1587	54.7807
49.8853	88.5017	54.1554	49.8992	88.5018	54.1651

　　为了能够更好地说明提出自适应采样方法的应用效果，分别采用等弧长采样方法和自适应采样方法进行采样，以采样点作为控制点进行 NURBS 曲面拟合。该曲面为大小 130mm×100mm、3×3 次 NURBS 曲面，采样点数均控制在 27×15 个，采样点对应的权因子都为 1。NURBS 拟合的加工曲面如图 6-24 所示，重构曲面后获得的曲面上各点的法向加工误差如表 6-2 所示。

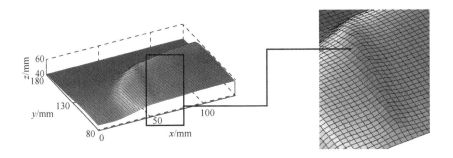

（a）等弧长采样方法

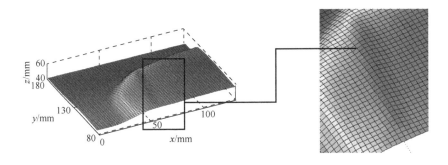

（b）自适应采样方法

图 6-24　NURBS 拟合的加工曲面

表 6-2　不同采样方法所对应的法向加工误差值（基于在机测量）　　单位：mm

采样方法	最大误差	最小误差
等弧长采样	0.0457	−0.0216
自适应采样	0.0413	−0.0193

　　利用等弧长采样方法重构加工曲面后获得的曲面上各点的法向加工误差如图 6-25（a）所示。基于自适应采样方法重构加工曲面后获得的曲面上各点法向加工误差如图 6-25（b）所示，与等弧长采样方法重构加工曲面后获得的曲面上各点的法向加工误差在空间上分布大致相同，而且采用此方法（自适应采样和 NURBS 重构）获得的法向加工误差在空间上的分布具有更好的连续性，因此，本章提出的方法在自由曲面加工误差测量的实际应用中有很好的效果。

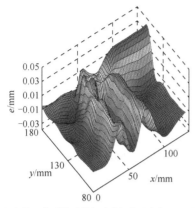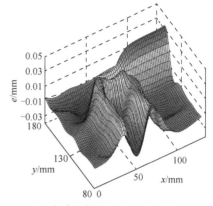

（a）基于等弧长采样方法获得的法向加工误差　　（b）基于自适应采样方法获得的法向加工误差

图 6-25　加工曲面的法向加工误差

根据曲面的面轮廓度误差评定方法可以计算得到加工曲面的面轮廓度误差为 0.0826mm，说明采用自适应采样方法所重构的加工曲面上各点的法向加工误差预测准确度较高。图 6-26 是实际加工曲面（拟合曲面）和理论曲面的比较。可以看出，加工误差主要集中在曲率变化比较大的区域，如图 6-26 中的深色 L 形区域。汽车前盖板模具模型整体面轮廓度误差在 0.0386～0.0826mm。

图 6-26　拟合曲面和理论曲面的比较

为了进一步验证在机测量汽车前盖板模具模型法向加工误差的精确性，采用三坐标测量机对前盖板模具模型的法向加工误差进行测量，并比较在机测量结果和三坐标测量机测量结果。实验中，采用的三坐标测量机为德国温泽公司生产的LH8107，直线测量精度为±(2.5+L/400)μm，空间精度为±(3.0+L/350)μm。三坐标测量机测量现场如图 6-27 所示。

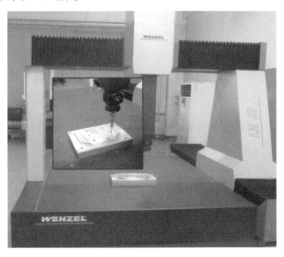

图 6-27　三坐标测量机测量现场

基于三坐标测量机，对于汽车前盖板模具模型曲面，采样点分别设为 405 个（27×15）和 640 个（32×20），根据不同的采样点数量进行三坐标测量，对测量的坐标值进行 NURBS 曲面重构，计算曲面法向加工误差，得到的汽车前盖板模具模型曲面的法向加工误差如表 6-3 所示。

表 6-3　不同采样点所对应的法向加工误差值（基于三坐标测量机）

采样点数量/个	最大误差	最小误差
640	0.0381	−0.0202
405	0.0384	−0.0203

从表 6-3 可知，405 个、640 个采样点所对应的法向加工误差值基本相同，由此可见，自适应采样方法在效率上具有优势。

通过自适应采样点（405 个）的坐标值重构加工曲面后获得曲面上各点的法向加工误差，如图 6-28 所示。

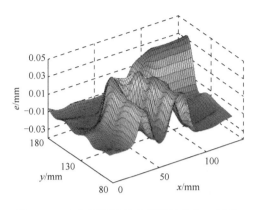

图 6-28　三坐标测量机获得的法向加工误差

　　基于自适应采样的在机测量的结果和三坐标测量的结果相近，最大法向加工误差相差 0.0029mm，最小法向加工误差相差 0.0010mm。将基于等弧长采样方法的在机测量的结果和三坐标测量的结果进行比较，最大法向加工误差相差 0.0073mm，最小法向加工误差相差 0.0013mm。说明自适应采样方法在测量精度上优于等弧长采样方法。通过对比图 6-28 和图 6-25 可知，在机测量的法向加工误差曲线与三坐标测量的法向加工误差曲线的变化规律基本相同。

6.5　本 章 小 结

　　（1）研究了一种基于曲面自适应采样和 NURBS 重构的加工误差在机测量方法。该方法基于自适应采样得到模具模型自由曲面上少量测量点的坐标数据，利用 NURBS 曲面重构模具模型自由曲面，通过比较重构的加工曲面和理论曲面，获得模具自由曲面的加工误差，并对曲面的面轮廓度误差进行评定。

　　（2）采用探头测量系统在模具模型加工曲面自适应采样，在模具模型曲率变化剧烈的区域，采样点较为密集，反之，在曲面曲率变化较为舒缓的区域，采样点较为稀疏，高斯曲率模型可以准确地反映曲面的弯曲程度。

　　（3）基于自适应采样点进行 NURBS 曲面重构，重构的加工曲面法向加工误差值较小，优于基于等弧长采样的 NURBS 曲面重构。模具模型曲面曲率变化较大的部分，基于自适应采样的在机测量和三坐标测量的最大法向加工误差相差 0.0029mm，对于汽车前盖板模具模型曲率变化较小的部分，该在机测量方法的测量精度与三坐标测量机的测量精度基本一致。

参 考 文 献

[1] 吴石, 李荣义, 刘献礼, 等. 基于自适应采样的曲面加工误差在机测量方法[J]. 仪器仪表学报, 2016, 37(1): 83-90.

[2] Wu S, Zhu M W, Liu X L, et al. Processing errors in an on-machine measurement method based on the adaptive triangular mesh[J]. International Journal of Precision Engineering and Manufacturing, 2017, 18(5): 641-650.

第 7 章　球头铣刀铣削淬硬钢模具加工误差分析及补偿

三轴模具铣削中，球头铣刀和工件的相对运动可以分为球头铣刀绕自身轴线的转动和工件的平动。尤其针对自由曲面工件铣削，这两种运动使刀齿形成三维空间摆线的运动轨迹，再结合刀具和工件的几何形状可最终确定工件的加工轮廓。自由曲面的加工通常采用轮廓法向加工误差来评价被加工曲面与设计表面之间的误差，其来源主要有编程误差、加工误差和测量误差。曲面淬硬钢模具加工中，加工倾角和工件曲率特征引起的刀具-工件综合刚度场不同，工艺系统的动态特性不同，导致模具加工精度不一致。插补弦高误差、让刀误差和残留高度是构成自由曲面淬硬钢模具球头铣削轮廓法向加工误差的关键。根据三种误差产生的原理，分析球头铣刀铣削自由曲面淬硬钢模具的轮廓法向加工误差的主要构成中让刀误差、残留高度和插补弦高误差的分布规律，并对淬硬钢模具的不同切削区域有针对性地进行补偿。

与刀具变形研究过程相似，球头铣刀的让刀误差模型也由平底立铣刀演变而来。立铣刀铣削时，动态表面位置误差（surface location error, SLE）和让刀误差通常只考虑行距方向的误差，如图 7-1 所示[1]。球头铣刀变形误差 e 也被近似为恒定变形量和加工倾角的函数[2]。

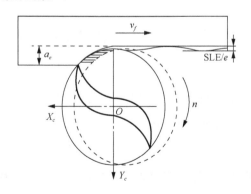

图 7-1　立铣刀铣削表面位置误差和让刀误差示意图

由前文刀具变形分析可知，球头铣刀曲面铣削的最大特点是刀具轨迹上刀具变形量不同且刀刃上各点的变形不同，刀具切触界面的大小和位置随着刀具轨迹发生变化，导致球头铣刀的让刀误差并非定值而是沿铣削路径不断变化。对让刀误差的补偿，需要通过偏置刀具轨迹实现[3-5]。

多曲率自由型面汽车覆盖件模具通常采用普通数控系统的三轴机床加工。对于普通数控系统，因其只具备直线或者圆弧插补功能，相比于高级数控系统的插补功能，如 NURBS（非均匀有理 B 样条）、二次样条和三次样条等[6-10]，以及多轴并行加工的复杂模式[11-13]，在精度和效率上会有损失。利用现有的普通插补手段，采用直线插补方法精确控制弦高误差，仍能满足曲率多变的模具加工精度要求[14]。

加工表面质量除了受让刀误差和插补弦高误差影响，还受切削过程刀具和工件几何结构引起的残留高度影响。尽量降低残留高度对减小轮廓法向加工误差和提升加工表面质量有重要的意义。建立球头铣削三维表面形貌模型，分析曲面曲率、刀具振动对表面残留高度的影响规律，加工表面形貌可以通过白光干涉仪进行测量，并提取最大轮廓高度。

加工形貌的残留高度是加工表面最高点相对于拟合表面的最大值，由于无法确定设计曲面的位置，因此整个型面的让刀误差和插补弦高误差无法直接在曲面工件表面测量。需要先采用三坐标测量机测试被加工曲面，再与设计曲面比较，获得综合让刀误差、插补弦高误差和残留高度的轮廓法向加工误差。

7.1　模具曲面球头铣削表面形貌分析

球头铣刀铣削淬硬钢自由曲面的铣削方式主要有等高切削（contouring milling）和沿曲率切削（ramping milling）。它们沿着进给和行距方向会形成不同的表面形貌，如图 7-2 所示。对于自由曲面，可以将任一刀工接触点处的曲率分为球头铣刀进给方向曲率和行距方向曲率，两者共同对表面形貌产生影响。

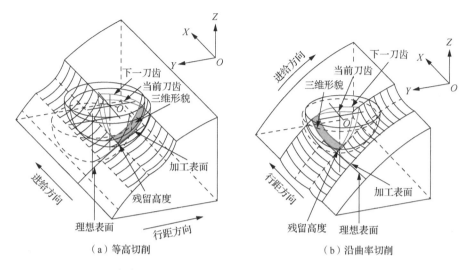

（a）等高切削　　　　　　　　　　　（b）沿曲率切削

图 7-2　等高切削和沿曲率切削的表面形貌示意图

首先将淬硬钢曲面划分为 n 个矩阵网格，然后基于坐标变换原理和向量运算法得到每个网格节点上的 Z 坐标，推导出球头铣刀相对于工件的三维摆线轨迹方程。在球头铣刀铣削过程中，刀刃沿三维摆线轨迹方程进给，划过工件铣削区域并形成包络面，随后将被后续刀刃沿着后续刀路轨迹包络面去除一部分，留下相对较小的区域，所有小的区域一起构成已加工表面形貌，两个包络面交汇叠加形成残差高度。通过布尔运算，构造出曲面的三维表面形貌仿真模型。

7.2　模具曲面球头铣削让刀误差分析

等高切削和沿曲率切削的让刀误差如图 7-3 所示，其中刀具变形产生的让刀误差需沿刀工接触点的法向度量（n_{cc}）。由 3.1 节的有限元仿真方法可以获得刀具切削不同离散微元径向 X 和 Y 方向的变形，分别为 δR_{ei}^{x} 和 δR_{ei}^{y}。等高切削和沿曲率切削时，让刀误差不同，分别为 e_c 和 e_r。

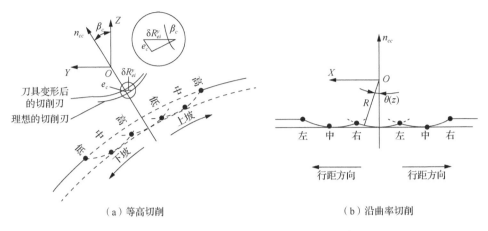

（a）等高切削　　　　　　　　　　　　　（b）沿曲率切削

图 7-3　等高切削和沿曲率切削的让刀误差

等高切削时，刀具沿 X 方向进给，X 方向刀具变形引起的加工误差会被相邻的下一刀齿切削掉，因此可以忽略。当型面曲率一定时，行距 Y 方向的加工误差与刀具侧偏角 β_c 有关，如式（7-1）所示。

$$e_c = e^y = \delta R_{ei}^y \sin \beta_c \tag{7-1}$$

沿曲率切削时，刀具沿 Y 方向进给，行距 X 方向的加工误差不可忽略，在任意切削刃离散微元，由刀具 X 方向变形引起的加工误差为

$$e^x = R\cos\theta(z) - \sqrt{R^2 - \left(\delta R_{ei}^x + R\sin\theta(z)\right)^2} \tag{7-2}$$

综合考虑刀具 X 方向和 Y 方向变形引起的加工误差为

$$e_r = \delta R_{ei}^y \sin \beta_f + R\cos\theta(z) - \sqrt{R^2 - \left(\delta R_{ei}^x + R\sin\theta(z)\right)^2} \tag{7-3}$$

刀具变形量沿切削刃不断变化，加工误差在一个表面形貌单元上分布不同。参考轴向位置角和水平位置角由切入到切出的划分，将等高切削的表面形貌单元划分为高、中、低三个区域，将沿曲率切削的表面形貌单元划分为左、中、右三个区域。定曲率圆柱面顺铣等高切削中，当刀具侧偏角一定时，从高到低三个区域的加工误差逐渐增大；当刀具侧偏角增大时，从高到低三个区域的加工误差均增大。顺铣沿曲率切削中，当刀具前倾角一定时，从左至右三个区域的加工误差先增大后减小；当刀具前倾角增大时，从左至右三个区域的加工误差均增大。

采用三轴铣床铣削凸凹曲面，加工倾角范围为-32.86°～+32.60°，切削实验如图 7-4（a）所示。通过三坐标测量机进行加工误差测量，三坐标测量实验如图 7-4(b)所示。刀具为戴杰二刃整体硬质合金球头立铣刀（DV-OCSB2100-L140），直径为 10mm，螺旋角为 30°，工件材料为 Cr12MoV，其淬火硬度为 58HRC。切削实验采用奇石乐测力仪（型号：Kistler 9257B）和 PCB 加速度传感器（灵敏度为 10.42mV/g）分别测试切削力和切削振动。同时采用 Kistler 5007 型电荷放大器和东华 DH5922 信号采集分析系统进行信号处理和数据采集分析。切削过程主轴转速 4000r/min，进给速度 800mm/min，轴向铣削深度 0.3mm，铣削宽度 0.3mm。三坐标测量机为 LH8107，X 轴、Y 轴和 Z 轴最大行程分别为 800mm、1000mm 和 700mm。

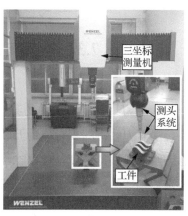

（a）切削实验　　　　　　　　　　　（b）三坐标测量实验

图 7-4　让刀误差实验

当顺铣切削时，凸曲面和凹曲面的让刀误差均随着加工倾角的增大而增大，凸曲面的让刀误差小于凹曲面的让刀误差，让刀误差实验与预测结果如图 7-5 所示，预测结果和实验结果有良好的一致性。刀具上坡切削时的让刀误差小于下坡切削时的让刀误差。由理论分析可知，在加工倾角为 0°时刀具几乎不产生径向变形，因此无论是凸曲面还是凹曲面，在加工倾角为 0°的位置让刀误差应该为 0，但是实际测试存在加工误差，此时加工误差主要由曲面铣削的残留高度和插补弦高误差构成，将在后文重点分析。

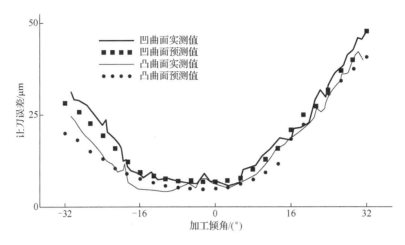

图 7-5　让刀误差实验与预测结果

7.3　模具曲面球头铣削残留高度分析

　　加工刀具铣削路径中的某一时刻刀刃圆弧与被加工曲面的接触点称为刀触点，所有刀触点的集合称为刀触点轨迹。当用球头铣刀加工凸曲面时，为求得任意刀触点的残留高度，建立二维直角坐标系，凸曲面等高切削残留高度如图 7-6 所示，则球头铣刀球头部刀刃圆弧所在的方程为

$$(z - q\cos\theta)^2 + (x - q\sin\theta)^2 = R^2 \tag{7-4}$$

$$\cos\theta = \sqrt{1 - \left(\frac{a_e}{2R^*}\right)^2}, \quad \sin\theta = \frac{a_e}{2R^*} \tag{7-5}$$

式中，x 和 z 为铣刀刃线坐标值；$q=R^*+R$；a_e 为铣削宽度；R 为球头铣刀半径；R^*为被加工件曲率半径，$R^*=1/\rho$，ρ 为曲面曲率。

　　凸曲面残留高度顶点 Q 的坐标可由方程（7-6）表述：

$$\begin{cases} \left(z - q\sqrt{1 - \left(\frac{a_e}{2R^*}\right)^2}\right)^2 + \left(x - q\frac{a_e}{2R^*}\right)^2 = R^2 \\ x = 0 \end{cases} \tag{7-6}$$

根据方程（7-6），求得凸曲面残留高度顶点 Q 的 z 坐标为

$$z_Q = q\sqrt{1-\left(\frac{a_e}{2R^*}\right)^2} - \sqrt{R^2-\left(\frac{qa_e}{2R^*}\right)^2} \tag{7-7}$$

于是，凸曲面 Z 向残留高度为

$$h = z_Q - R^* = q\sqrt{1-\left(\frac{a_e}{2R^*}\right)^2} - \sqrt{R^2-\left(\frac{qa_e}{2R^*}\right)^2} - R^* \tag{7-8}$$

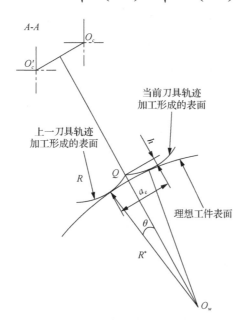

图 7-6　凸曲面等高切削残留高度示意图

当刀具半径 R、螺旋角 β、主轴旋转角频率 ω、主轴偏心矢量 e、初始偏心角 μ 给定时，可以将二维直角坐标系下的残留高度转换到三维直角坐标系中，此时刀刃运动轨迹方程组仅是水平位置角 φ 和时间 t 的参数方程。经过矩阵变换后，求得凸曲面工件 Q 点的残留高度，即 z_Q。根据三维直角坐标系中 z 的表达式即可得到当前刀触点的残留高度，而该处形貌的离散控制点值为多次切削后残留高度的最小值。

$$
\begin{bmatrix} x \\ y \\ z \end{bmatrix}_N = \begin{bmatrix} \dfrac{R}{\tan\beta}\sqrt{\tan^2\beta-\varphi^2}\cos(\omega t+\mu-\phi_j-\varphi)\sin\alpha - e\sin(\omega t+\mu)\sin\alpha + \dfrac{R\varphi\cos\alpha}{\tan\beta} - (R^*+R)\sin(\omega t+\alpha) \\[2mm] \dfrac{R}{\tan\beta}\sqrt{\tan^2\beta-\varphi^2}\sin(\omega t+\mu-\phi_j-\varphi) - e\cos(\omega t+\mu) \\[2mm] \dfrac{R}{\tan\beta}\sqrt{\tan^2\beta-\varphi^2}\cos(\omega t+\mu-\phi_j-\varphi)\cos\alpha - e\sin(\omega t+\mu)\cos\alpha - \dfrac{R\varphi\sin\alpha}{\tan\beta} + (R^*+R)\cos(\omega t+\alpha) \end{bmatrix}
$$

$$(7\text{-}9)$$

式中，ϕ_j 为齿间角；α 为被加工表面点位置角，其随着前倾角变化而变化。

根据式（7-9），自由曲面刀具轨迹方向的曲率对表面形貌的影响可以由加工倾角反映。当曲率恒定时，加工倾角对进给方向残留高度和三维表面十点高度的影响如图 7-7 所示。当加工倾角为 20°时，表面形貌残留高度值较小。

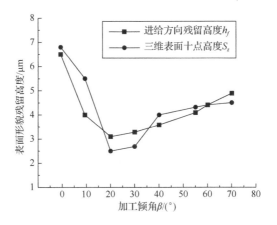

图 7-7　凸曲面表面形貌残留高度趋势图

7.3.1　基于 NURBS 曲面重构的表面形貌

表面形貌离散点的保留如图 7-8 所示。图中，任意切削刃离散点和铣刀球心的连线为 OQ，设连线 OQ 与 Z 轴夹角为 β_Q，轴向切触角 θ_c 可表示为 $\theta_c=$ arcos$(R^2+(R^*+R)^2-(R^*+a_p)^2)/(2R|(R^*+R)|)$，刀具旋转轴线和切触区最低点法线夹角为 θ_τ。

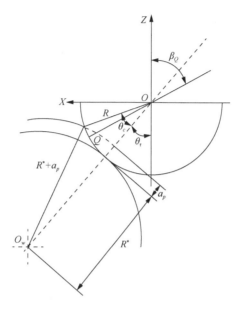

图 7-8　表面形貌离散点的保留

经过计算，切削刃上离散点的保留原则如下。

（1）当 $\beta_Q > \theta_\tau + \theta_c$ 或 $\beta_Q < \theta_\tau$ 时，该切削刃离散点从不参与切削，舍弃该离散点数据坐标。

（2）当 $\theta_\tau \leqslant \beta_Q \leqslant \theta_\tau + \theta_c$ 时，该离散点间歇性参与切削，当该点转过的水平位置角 φ 满足式（7-10）时，该离散点是参与切削的，需保留该离散点数据坐标。

$$\cos\varphi < \frac{3 - 2\cos\theta_c}{\sin\beta_Q \sin\theta_\tau} - \frac{\tan\beta_Q}{\tan\theta_\tau} \qquad (7\text{-}10)$$

以 t 时间间隔为一个单位，获取该时刻间隔球头铣刀切削刃上所有离散点的坐标值，同一竖列刀刃扫掠点 $P(x,y)$ 处，保留最小的 z 值，记为 $P(x,y,z)$。例如，当同一竖列刀刃扫掠点在 t_m 时刻形成 $N(x_m, y_m, z_m)$ 与 t_n 及 t_{n+1} 时刻（$t_n > t_{n+1}$）形成的三个点满足

$$\begin{cases} x_n < x_m < x_{n+1} \\ y_n < y_m < y_{n+1} \end{cases} \qquad (7\text{-}11)$$

那么需要保留这三个点当中的最小 z 值点，作为表面形貌网格节点。

刀具回转和进给运动形成的扫掠面与工件相交形成的表面形貌很难用一般的曲面方程来表示，但可以用 NURBS 曲面精确表示。基于 NURBS 曲面重构，根据已知的表面形貌网格节点坐标，所需要的离散点数远远小于曲面插值法所需要的离散点数，提高了在表面形貌仿真的效率。

由式（6-13）和式（6-14）可知，NURBS 曲面形状与控制点、权因子和节点矢量有关。由自适应采样点决定重构 NURBS 曲面的控制点，进而拟合加工曲面的表面形貌。NURBS 曲面控制点坐标如表 7-1 所示。

表 7-1　NURBS 曲面控制点坐标　　　　　　单位：μm

	1	2	3	4	5	6	7	8
X	0	0	0	0	0	0	64.5563	64.5563
Y	0	70.9435	155.2924	244.7076	329.0613	400	0	70.9435
Z	6.6667	−17.9250	−27.9423	−27.9423	−17.9250	6.6667	−11.8145	−29.7394
	9	10	11	12	13	14	15	16
X	64.5563	64.5563	64.5563	64.5563	135.4437	135.4437	135.4437	135.4437
Y	155.2924	244.7076	329.0613	400	0	70.9435	155.2924	244.7076
Z	−46.6667	−46.6667	−29.7394	−11.8145	−11.8145	−29.7394	−46.6667	−46.6667
	17	18	19	20	21	22	23	24
X	135.4437	135.4437	200	200	200	200	200	200
Y	329.0613	400	0	70.9435	155.2924	244.7076	329.0613	400
Z	−29.7394	−11.8145	6.6667	−17.9250	−27.9423	−27.9423	−17.9250	6.6667

理论曲面上的一点 p 与采样点 q 对应，设 p 到 q 的距离为 S，如果 q 在 p 和 $d_{i,j}$ 之间，则曲面被拉向控制点，此时，S 为正，反之 S 为负。NURBS 曲面控制点重构流程图如图 7-9 所示。图 7-10 为基于离散点拟合的表面形貌，拟合的表面形貌与实际的表面形貌之间的法向距离为拟合的法向加工误差。曲面上各点的法向加工误差最大值处的相对误差率小于 6.54%，最小值处的相对误差率小于 4.89%。

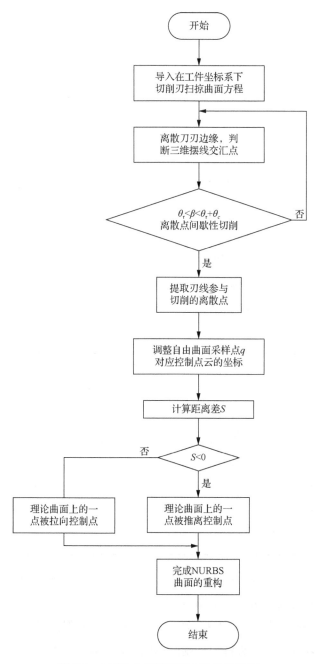

图 7-9 NURBS 曲面控制点重构流程图

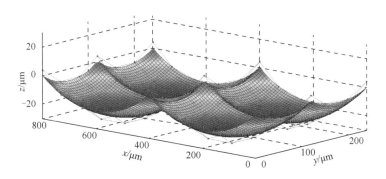

图 7-10　基于离散点拟合的表面形貌

根据 NURBS 曲面重构的方法，研究曲面曲率和前倾角变化对表面形貌的影响，采用单因素的方法对加工后的工件表面形貌进行了 8 组仿真，具体仿真实验参数如表 7-2 所示，表面形貌仿真结果如图 7-11 所示。仿真选用直径为 20mm 的球头铣刀，刀具齿数为 2。采用顺铣切削，切削过程主轴转速 n=4000r/min，进给速度 v_f=1600mm/min，铣削宽度 a_e=0.4mm，轴向铣削深度 a_p=0.3mm。

表 7-2　仿真实验参数

实验组数	进给方向曲率ρ/mm^{-1}	行距方向曲率ρ/mm^{-1}	前倾角β_f/(°)
1	0.025	0.0125	40
2	0.025	0.0125	30
3	0.025	0.0125	20
4	0.025	0.0125	10
5	0.025	0.025	20
6	0.025	0.03	20
7	0.025	0.05	20
8	0.05	0.05	20

从图 7-11（a）～（d）四组仿真中可以看出，工件曲率一致的情况下，残留高度随前倾角的增大而增大。从图 7-11（c）、（e）、（f）、（g）四组仿真中可以看出，前倾角一致的情况下，残留高度随行距方向曲率的增加而增大。从图 7-11（e）、（h）仿真中可以看出，球头铣刀铣削凸曲面时，进给方向曲率和行距方向曲率接近时相比于两者曲率差距过大时可取得较好的表面质量。采用单向侧切的淬硬钢模具精加工时，行距方向曲率对表面形貌的影响要大于进给方向曲率的影响，进而导致更大的表面残留高度。

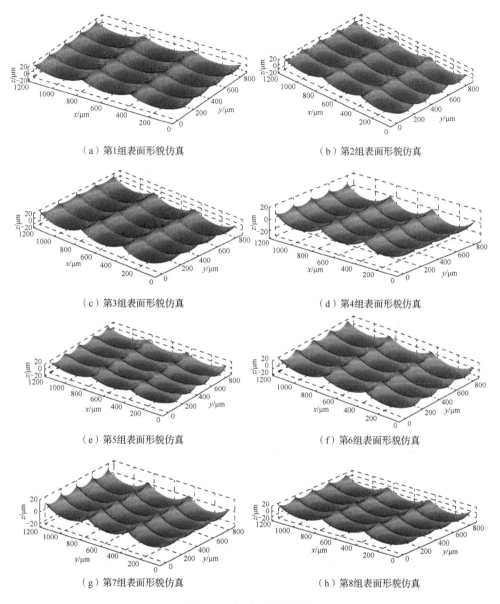

（a）第1组表面形貌仿真　　　　　　　　　　（b）第2组表面形貌仿真

（c）第3组表面形貌仿真　　　　　　　　　　（d）第4组表面形貌仿真

（e）第5组表面形貌仿真　　　　　　　　　　（f）第6组表面形貌仿真

（g）第7组表面形貌仿真　　　　　　　　　　（h）第8组表面形貌仿真

图 7-11　表面形貌仿真图

在三轴机床上加工，当刀具轨迹方向曲率半径变化大时，相应的加工倾角变化也较大，其表面残留高度也相应增大。当两个方向的曲率半径较小且大小相近，加工倾角为 20°时，有利于提高工件的表面质量。

7.3.2　考虑振动的切削刃轨迹建模

铣削加工中，刀具主轴高速旋转，工件曲率的变化和切削力的波动等因素，导致铣削过程中必然会伴随着刀具的振动，而刀具的振动必然会导致加工表面形貌的恶化。在模具精加工中，由于轴向铣削深度、铣削宽度等非常小，通常为几十微米，因而振动的影响更显著。因此，分析铣削加工刀具的振动对表面形貌的影响具有重要意义。

在工件上构建工件坐标系 O_w-$X_wY_wZ_w$，设定刀具沿 X 方向、以主轴转速 n 和进给速度 v_f 进行切削，并设定刀具前倾角为 β_f。构建在振动条件下切削刃的切削运动模型，如式（7-12）所示：

$$Q_w(t,\beta_f)$$
$$=\begin{bmatrix} S_{X_w} \\ S_{Y_w} \\ S_{Z_w} \\ 1 \end{bmatrix}=\begin{bmatrix} \cos\beta_f & 0 & \sin\beta_f & L_{X_c} \\ 0 & 1 & 0 & L_{Y_c} \\ -\sin\beta_f & 0 & \cos\beta_f & L_{Z_c} \\ 0 & 0 & 0 & 1 \end{bmatrix}\cdot\begin{bmatrix} \cos\omega t & -\sin\omega t & 0 & v_f t\cos\beta_f+V_{X_c}(t) \\ \sin\omega t & \cos\omega t & 0 & V_{Y_c}(t) \\ 0 & 0 & 1 & v_f t\sin\beta_f+V_{Y_c}(t) \\ 0 & 0 & 0 & 1 \end{bmatrix}\cdot\begin{bmatrix} C_{X_c} \\ C_{Y_c} \\ C_{Z_c} \\ 1 \end{bmatrix}$$

$$(7\text{-}12)$$

式中，$Q_w(t,\beta_f)$ 为时间 t 时刀刃任意点 $P_c(\alpha)$ 在工件坐标系 Q_w-$X_wY_wZ_w$ 中的空间位置坐标；（ C_{X_c}，C_{Y_c}，C_{Z_c} ）为切削刃上任意点 $P_c(\alpha)$ 在球头铣刀坐标系 O_c-$X_cY_cZ_c$ 下的空间位置坐标；（ $V_{X_c}(t)$，$V_{Y_c}(t)$，$V_{Z_c}(t)$ ）为时间 t 时刀具振动在球头铣刀坐标系 O_c-$X_cY_cZ_c$ 下的振动偏移矢量；刀具角速度 $\omega=2\pi n/60$，n 为主轴转速；t 为运动时间；v_f 为进给速度；（ L_{X_c}，L_{Y_c}，L_{Z_c} ）为球头铣刀坐标系 O_c-$X_cY_cZ_c$ 初始位置相对于工件坐标系 O_w-$X_wY_wZ_w$ 的偏移矢量。

7.3.3　振动对二维铣削轮廓的影响

刀具振动信号为波浪形的、连续的周期函数。根据傅里叶级数，任何周期的函数和信号都可以被分解为一系列正弦或者余弦的简谐振动的集合。提取切削时振动的信号，并假设振动信号为正弦形式，利用上述球头铣削加工运动模型，分析振动对二维轮廓的影响。以平行于 XOZ 所在平面且经过球头铣刀刀具球心 O_c 的截面切削轮廓作为对象进行分析，由于该截面上切削轮廓与球头铣刀球心直接相关并且可以描述出表面形貌的最低点，因此可以反映振动对二维轮廓的影响。

　　改变振动幅值和每齿进给量，分析刀刃在截面 XOZ 上形成的切削轮廓，如图 7-12 所示，其中黑色粗实线为工件表面的实际二维切削轮廓，交替出现高低不等的圆弧细实线分别为球头铣刀的两条切削刃。由于 Y 向振动不能在 XOZ 截面上反映出来，且一般刀具 Z 向刚度较好，故在此主要考虑 X_c 向振动对形貌的影响，而忽略 Y_c、Z_c 向振动。

　　图 7-12 （a）、（b）为每齿进给量为 200μm、振动幅值分别为 5μm、15μm 时的切削轮廓。

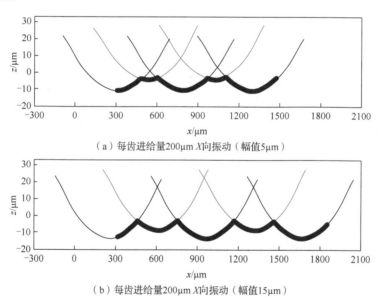

（a）每齿进给量200μm X向振动（幅值5μm）

（b）每齿进给量200μm X向振动（幅值15μm）

图 7-12　球头铣刀二维切削轮廓

　　从图 7-12 中可以看出，考虑振动的轮廓相对于无振动的理想切削状态有较大的区别。在振动幅值变化的影响下，二维切削轮廓的形态会发生变化。图 7-12（a）中相邻两段轮廓长度和高度都略微不同，这是球头铣刀两条刃的轻微上下错位移动所导致的；图 7-12（b）中的切削轮廓出现类似"过切"的形态，这是振动幅值较大导致的，此时一条切削刃进行主要的有效切削，而另一条切削刃只是局部的有效切削。同时也可以看出，随着振动幅值的增大，二维轮廓向更深、更宽的轮廓发展，这必然会导致表面质量的恶化。

7.3.4　振动幅值对形貌的影响

在每齿进给量为 200μm、刀具半径为 10mm、每行刀具轨迹初始刀刃相位角为 0°、行距为 400μm 的切削参数下，对振动幅值分别为 5μm 和 15μm 的振动情况进行了加工表面形貌仿真，仿真形貌结果如图 7-13 所示。从图中可以看出，不同的振动幅值导致不同的表面形貌，而且其轮廓形态分别与图 7-11（a）和（b）所示形态相一致。

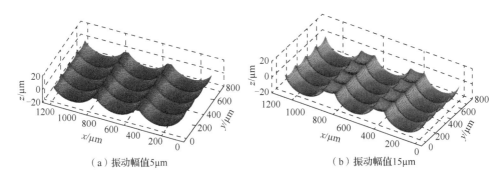

（a）振动幅值5μm　　　　　　　　（b）振动幅值15μm

图 7-13　振动幅值对形貌的影响

7.4　球头铣刀铣削淬硬钢模具表面形貌实验

7.4.1　表面形貌实验结果

采用三轴立式加工中心 VDL-1000E、两刃整体式硬质合金球头立铣刀 DV-OCSB2100-L140 和超景深显微镜进行实验。铣削方式为顺铣，具体的加工条件如表 7-3 所示。

表7-3　加工条件

实验参数	数值及型号
主轴转速/(r/min)	6000
进给速度/(mm/min)	2400
轴向铣削深度/mm	0.4
铣削宽度/mm	0.3
铣刀材料	硬质合金
铣刀直径/mm	20
铣刀齿数	2
铣刀螺旋角/(°)	30
工件材料	Cr12MoV

　　沿着工件曲面上的其中一段走刀轨迹取三处不同的区域（a、b、c），曲率和前倾角依次增大。根据实验参数，对选取的三个区域进行表面形貌的仿真，得到三个区域所对应的三维仿真图。再用超景深显微镜对选取的三个区域进行观测，得到三个区域所对应的三维实测图，并且与表面形貌的三维仿真图作对比，如图 7-14 所示，进而得到相应位置二维轮廓线。

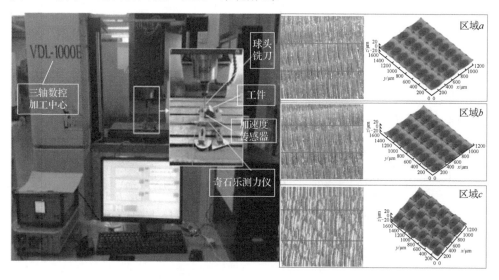

图 7-14　表面形貌实验及实测和预测表面形貌对比

二维轮廓线对比如图 7-15 所示，曲率变化对表面形貌的影响导致自由曲面进给方向和切削行距方向上的残留高度分布规律都基本相同，实测表面的残留高度与仿真表面的残留高度值较一致。随着曲率和前倾角的增大，残留高度增大。本章仿真模型较准确地预测了切削后的表面微观形貌。

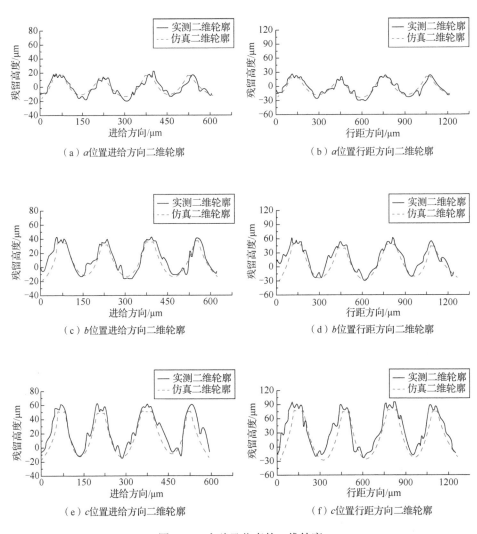

（a）*a* 位置进给方向二维轮廓　　　　　　（b）*a* 位置行距方向二维轮廓

（c）*b* 位置进给方向二维轮廓　　　　　　（d）*b* 位置行距方向二维轮廓

（e）*c* 位置进给方向二维轮廓　　　　　　（f）*c* 位置行距方向二维轮廓

图 7-15　实验及仿真的二维轮廓

7.4.2　表面形貌的分形分析

分形维数反映了复杂形体占有空间的有效性,它是复杂形体不规则性的量度。表面形貌具有统计自相似和自仿射的分形特征,分形参数 D 和 G 可以用来表示形貌的不均匀性。采用结构函数法计算轮廓曲线的分形维数和形貌系数来表征加工表面。将铣削表面轮廓曲线看成一时间序列 $Z(x)$,由于其分形特性,该时间序列采样数据的结构函数满足

$$S(\tau) = \left[Z(x+\tau) - Z(x) \right]^2 = G^{2D-2}\tau^{4-2D} \tag{7-13}$$

式中, τ 为数据间隔的任意选择值; G 为铣削表面轮廓的垂直尺度系数; D 为轮廓曲线的分形维数。针对若干尺度 τ 对轮廓曲线的离散信号,计算出相应的 $S(\tau)$,然后画出双对数 $\log S$-$\log \tau$ 图,如图 7-16 所示。通过最小二乘法线性拟合出直线段,得到其斜率 k 和截距 b,即有

$$D = 2 - k/2, \quad G = \exp\left\{ b / \left[2(D-1) \right] \right\} \tag{7-14}$$

通过理论分析和数值模拟求证,得到分形参数 D、G 与粗糙度 Ra 的数值关系如下:

$$Ra \infty G^{D-1} \tag{7-15}$$

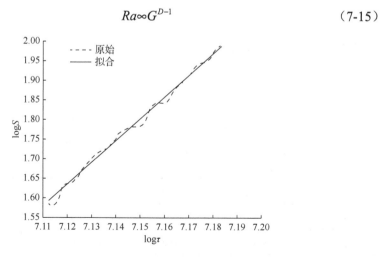

图 7-16　$\log S$-$\log \tau$ 拟合结果

粗糙度 Ra 与分形维数 D 存在幂指数关系，粗糙度 Ra 随着分形维数 D 增大而减小，减小而增大；而当分形维数 D 为 1 到 2 之间的某一个值时，粗糙度 Ra 与垂直尺度系数 G 呈单调递增关系，即 Ra 随 G 增大而增大，减小而减小。若垂直尺度系数 G 不变，当分形维数 D 增大时，铣削表面轮廓的精细结构越来越精细，故而表面粗糙度 Ra 减小；若分形维数 D 不变，当垂直尺度系数 G 增大时，铣削表面轮廓在同一位置处残留高度值增大，也就是说表面质量越来越粗糙，从而粗糙度 Ra 增大[15]。

通过对比分析可以得到，表面形貌仿真坐标值和实际加工获得的坐标值平均误差在 0.03μm 以内，粗糙度预测结果和实际测量结果平均误差在 0.03μm 以内，同时曲率平缓区域误差最小。从表 7-4 中可以看出，随着表面粗糙度 Ra 的不断增大，分形维数 D 单调递减，垂直尺度系数 G 单调递增。这说明，加工表面轮廓的分形维数越大，垂直尺度系数越小，则铣削加工粗糙表面的精细结构相似程度越大，表面质量就越好，且轮廓平均峰值越小。Ra 与分形参数属于单调关系，这表明了式（7-15）的准确性。

表 7-4　实测和仿真粗糙度值及分形维数

曲率/mm^{-1}	加工倾角β/(°)	实测粗糙度/μm	仿真粗糙度/μm	D 值	G 值
0.100	20	5.549	5.689	1.3219	0.6337
0.025	15	4.331	4.035	1.6152	0.5809
0.100	30	4.235	4.087	1.6677	0.3765
0.300	60	3.870	3.697	1.7863	0.3132
0.075	50	2.285	2.536	1.8729	0.2168
0.300	45	2.025	1.982	1.8901	0.1512
0.050	35	1.602	1.498	1.9102	0.1454
0.300	20	1.481	1.678	1.9305	0.1402
0.075	55	2.520	2.268	1.8342	0.1947
0.050	10	1.605	1.968	1.9085	0.1494
0.025	35	2.690	2.961	1.8143	0.2846
0.050	50	1.389	1.203	1.9530	0.1320

7.5　插补弦高误差分析

直线插补是通过大量微小的线段来逼近目标曲线,然后再对各线段进行密化,如图 7-17 所示,加工曲线段 DH 由线段 DE、EF、FG、GH 拟合构成。显然,弦高误差控制是研究的主要内容。

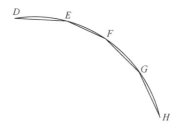

图 7-17　直线拟合原理

设目标曲线参数方程为

$$\begin{cases} x = X(u) \\ y = Y(u) \end{cases} \tag{7-16}$$

任取一段加工路径,两端刀位点分别为 a 和 b,由起始端 $a(u_i)$ 加工至下一插补点 $b(u_{i+1})$,可得弦长为

$$L = ab = \sqrt{\left(X(u_{i+1}) - X(u_i)\right)^2 + \left(Y(u_{i+1}) - Y(u_i)\right)^2} \tag{7-17}$$

此时为求得精确的弦高误差,需要在目标路径曲线上寻找一条与 ab 平行的切线,其斜率为

$$k = \frac{Y'(u)}{X'(u)} \tag{7-18}$$

令

$$k = \frac{Y(u_{i+1}) - Y(u_i)}{X(u_{i+1}) - X(u_i)} \tag{7-19}$$

可求得切点 C 的坐标，那么 C 点到直线 ab 的距离即为加工路线至实际曲线的最大弦高误差 e_h，如图 7-18 所示。

由几何关系可得

$$e_h = \rho_j - \sqrt{\rho_j^2 - \left(\frac{L}{2}\right)^2} \qquad (7\text{-}20)$$

式中，ρ_j 为刀具运动轨迹方向的工件曲率半径。设允许的最大弦高误差为 δ_h，则联立式（7-16）～式（7-20），代入斜率值，令 $e_h = \delta_h$ 可得符合弦高误差要求的 b 点坐标。

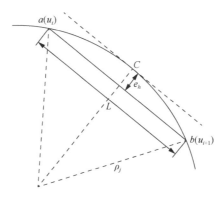

图 7-18　弦高误差示意图

根据 b 点的坐标，可以求得进给步长，设加工曲线为平摆线，参数方程：

$$\begin{cases} x = r(u - \sin u) \\ y = r(1 - \cos u) \end{cases} \qquad (7\text{-}21)$$

将式（7-21）代入公式（7-20）可得

$$L = \sqrt{8 e_h \rho_j - 4 e_h^2} \qquad (7\text{-}22)$$

当 $e_h = \delta_h$ 时：

$$L = \sqrt{8 \delta_h \rho_j - 4 \delta_h^2} \qquad (7\text{-}23)$$

L 用 a 和 b 参数坐标表示为

$$
\begin{aligned}
L &= \sqrt{\left(r\left(u_{i+1}-\sin u_{i+1}\right)-r\left(u_i-\sin u_i\right)\right)^2+\left(r\left(1-\cos u_{i+1}\right)-r\left(1-\cos u_i\right)\right)^2} \\
&\approx \Delta u \cdot \sqrt{\rho_j}
\end{aligned}
$$

（7-24）

联立式（7-23）和式（7-24），可得进给步长为

$$
\Delta u = \sqrt{\frac{8\rho_j\delta_h-4\delta_h^2}{\rho_j}}
$$

（7-25）

至此，一个完整的插补周期就形成了：目标曲线从 $a(0,0)$ 出发，在满足期望精度下，按照插补步长进给到下一节点 $b(X_{u+1},Y_{u+1})$，在寄存位置中存储该值，并以此作为新起点，求解下一进给点 $c(X_{u+2},Y_{u+2})$，依此类推完成插补。

7.6　自由曲面淬硬钢模具球头铣削加工策略

由上述分析可知，轮廓法向加工误差由加工最大残留高度、刀具变形误差和刀具轨迹误差构成。设某一项误差因素 j 在预测点 $i(i=1,2,\cdots,n)$ 处的轮廓法向加工误差为 e_i^j，综合三种因素的误差项，得到任意预测点轮廓法向加工误差为

$$
e_i = \sum_{j=1}^{n} e_i^j
$$

（7-26）

则所有预测点的轮廓法向加工误差为

$$
e = [e_1,e_2,\cdots,e_n] = \left[\sum_{j=1}^{n} e_i^j\right],\quad i=1,2,\cdots,n
$$

（7-27）

淬硬钢模具型面特征复杂，不同型面特征加工误差影响因素的比重不同，因此针对不同的型面特征制定相应的加工策略。

7.6.1　让刀误差补偿

让刀误差是由切削力产生的，但是不应以牺牲加工效率为代价一味减小切削参数，降低切削力进行被动补偿，而是应该主动引入一个误差源，以部分或者全部抵消加工过程中的让刀误差。刀工接触区域准确反映了刀具的加工状态，通过对刀具切削轨迹的补偿，控制径向切入角 φ_{st} 和切出角 φ_{ex}，以及轴向切触角的上下边界 θ_{up} 和 θ_{low}，都与名义的刀具切削轨迹的角度时一致，进而保证加工形貌及轮廓法向加工误差符合要求，如图 7-19 所示。$\Delta\theta(\varphi)$ 为沿名义刀具轨迹切削时的轴向切触角（径向切触角）；δ_1 为刀具变形引起的实际刀具轨迹与名义刀具轨迹的偏移量，$\Delta\theta_1(\varphi_1)$ 为沿实际刀具轨迹切削时的轴向切触角（径向切触角）；δ_2 为补偿刀具轨迹与补偿刀具变形误差后的实际刀具轨迹的偏移量，$\Delta\theta_2(\varphi_2)$ 为考虑刀具轨迹和刀具变形补偿的沿实际刀具轨迹切削时的轴向切触角（径向切触角）。

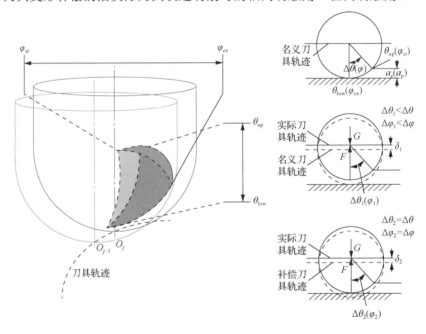

图 7-19　补偿加工的刀工接触区域一致性

为使实际刀工接触区域与理想的刀工接触区域重合，在补偿加工中的刀具位置的偏移量应该等于切削平衡状态下的刀具变形量。将初始刀具轨迹沿着刀具变形的反向偏移变形量的距离即可获得补偿后的刀具轨迹。球头铣削让刀误差补偿的过程就转化为：以刀具理想的刀工接触区域来界定刀具的实际切削条件，进而求解刀具让刀变形量，以获得补偿加工的刀具位置，实际刀具轨迹与补偿刀具轨迹的偏差定义为刀具变形补偿量。

球头铣削中，刀具变形的方向与让刀误差的方向存在一定夹角，所以让刀误差补偿不能有效地补偿刀位轨迹。以让刀变形作为补偿对象，补偿量的大小、方向都易于获得。刀位轨迹的偏置量等于刀具变形量，针对曲面加工位置，刀位轨迹偏置方向为过刀轴的法平面和垂直刀轴的水平面的交线方向，补偿的工艺路径容易实现。采用让刀变形补偿的方法，通过控制面修正对让刀误差进行补偿，如图 7-20 所示。

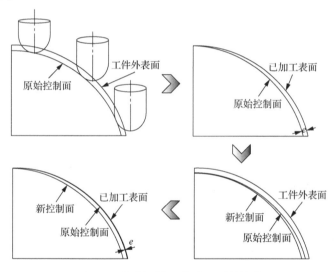

图 7-20　控制面修正的让刀误差补偿

曲面的让刀误差补偿流程如图 7-21 所示。补偿的方法是基于微分离散的思想，对刀具轨迹的不同刀位点计算所需的过程参数，如加工倾角、型面曲率、刀工接触区、切削力、刀具变形模型、变时滞动力学模型等，已在前文第 2～4 章做了详细研究。基于预测的刀具轨迹偏置量，计算补偿后的刀具轨迹，获得新的刀工接触区，与名义刀具轨迹计算的刀工接触进行比较，如果一致则轨迹偏置量符合加工误差补偿要求，否则重新计算偏置量。

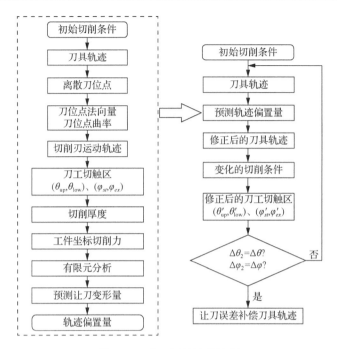

图 7-21　让刀误差补偿流程

7.6.2　弦高误差补偿

刀具倾角过大的位置，刀具变形引起让刀误差，可以通过上述分析进行补偿。但是自由曲面还有曲率过大且刀具倾角较小的位置，让刀误差不是加工型面精度下降的主要原因，刀具轨迹成为加工误差产生的主要原因，此时需要对刀具轨迹进行插补。

由弦高误差公式可知，保证相同的弦高误差，随着曲率的增大，插补步长缩短，因此，弦高误差补偿针对曲面曲率较大区域，若此区域弦高误差满足要求，则其他位置一定满足设计要求。通过 2.1 节对曲面曲率的分析，获得曲面曲率的分布，然后基于式（7-25）解算补偿。

在实际插补前，通常计算整条曲线的最大曲率点，代入上面的算法，求得进给步长，显然采用此种方法在处理带有一极高曲率区域的淬硬钢曲面时，其路径曲线的高曲率会导致进给率非常低，使加工过程冗长、效率低。因此，接下来针对此问题进行进给率优化。

7.6.3　进给率优化

大型覆盖件模具铣削加工，在允许的切削力、加工误差、动力学条件下，还要保证加工效率。为保证加工精度，针对一些具有特殊曲率或者倾角的部位设定固定的进给率，但是牺牲了易加工部位的加工效率。为了在切削加工性较好的型面位置能够有效地提高加工效率，在切削加工性较差的地方也能够保证加工精度，本节给出了淬硬钢模具三轴球头铣削的进给率优化方法，如图 7-22 所示。

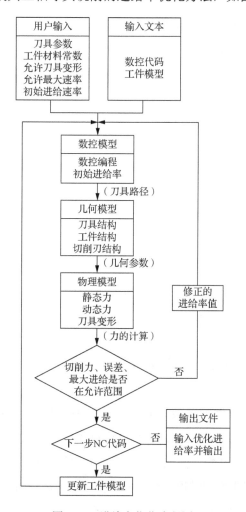

图 7-22　进给率优化流程图

图 7-22 中，首先输入刀具和工件的信息，进行数控编程，获取刀位信息。基于刀位信息和刀具切削刃及工件的几何信息，进行铣削过程物理量的预测，如瞬态铣削力（第 2 章）、刀具变形（第 3 章）、稳定域（第 4 章）和加工误差（第 7 章）等。如果根据进给率解算的静态铣削力和动态铣削力符合以刀具变形、让刀误差和稳定性极限为约束的期望，则该进给率保留；否则基于 Kienzle 关系[16]（适应的进给率=预选的进给率×期望的铣削力/解算的铣削力）重新解算进给率，并重复上述过程。最后将优化的进给率数据写入 NC 代码。

以第 2 章的自由曲面淬硬钢模具为例，瞬态铣削力和加工误差为约束条件，以材料去除率为目标函数，对铣削路径 L1 和 L2 的进给率进行优化，优化后的切削时间与第 2 章的切削时间比较结果如图 7-23 所示。铣削路径 L1 节约 6.46%的加工时间，铣削路径 L2 节约 14.56%的加工时间，两条路径累计节约加工时间 10.56%，整个型面加工总时间节约 10%。

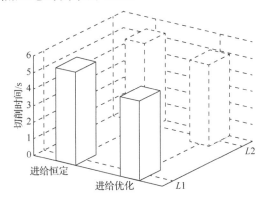

图 7-23　进给优化前后切削时间对比

7.6.4　过程集成工艺优化方法及实验

为保证自由曲面淬硬钢模具加工精度、表面质量和加工效率，针对不同的型面区域加工特征，同时考虑刀具轨迹和刀位点计算、刀工接触区计算、铣削力预测、让刀变形预测、铣削稳定性预测、残留高度预测、工艺参数优化和加工误差补偿，实现自由曲面球头铣削过程的综合分析和工艺优化，如图 7-24 所示。其中主要包含特征提取、数控仿真和物理过程集成三个部分，最终形成优化的工艺方案[17]。

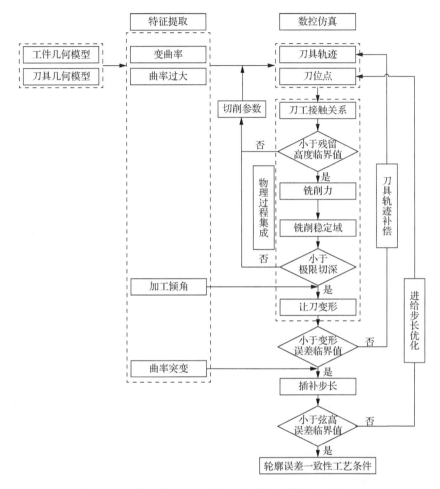

图 7-24　球头铣削自由曲面淬硬钢模具过程集成优化方法

　　基于自由曲面数学模型，提取曲率特征和加工倾角特征并划分型面区域，如图 7-25 所示。区域 1 和区域 2 为曲率变化不大的平缓切削区域；区域 3 为加工倾角过大区域；区域 4 和区域 5 为存在曲率突变的区域；区域 3、区域 4 和区域 5 为曲率过大区域。针对加工倾角过大区域，给出了基于刀工接触区一致性的让刀误差轨迹补偿方法；针对曲率过大区域，给出了最大残留高度控制的进给步长优化方法；针对曲面曲率突变区域，给出了基于弦高误差控制的插补步长优化方法；为保证加工效率，针对平缓区域给出了进给率优化方法。

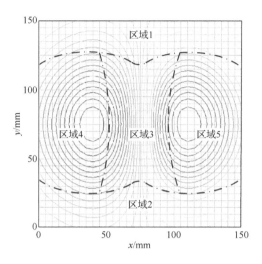

图 7-25　基于加工特征的自由曲面加工区域划分

　　为验证球头铣削自由曲面过程集成优化工艺方案，进行工艺对比铣削实验以及加工误差对比实验，如图 7-26（a）和（b）所示。工艺对比铣削实验机床采用三轴立式加工中心 VDL-1000E，刀具选用戴杰二刃整体硬质合金球头立铣刀（DV-OCSB2100-L140），直径为 10mm，螺旋角为 30°，工件材料为 Cr12MoV，其淬火硬度为 58HRC。切削实验采用奇石乐测力仪（型号：Kistler 9257B）和 PCB 加速度传感器（灵敏度为 10.42mV/g）分别测试切削力和切削振动。同时采用 Kistler 5007 型电荷放大器和东华 DH5922 信号采集分析系统进行信号处理和数据采集分析。加工误差对比实验采用三坐标测量机，型号为 LH8107，X 轴、Y 轴和 Z 轴最大行程分别为 800mm、1000mm 和 700mm。

　　基于三坐标测量机的实测数据与设计曲面的数据，得到球头铣削自由曲面淬硬钢模具过程集成优化前后的轮廓法向加工误差分布，如图 7-27 所示。实验结果表明，通过球头铣削自由曲面淬硬钢模具过程集成工艺优化，型面轮廓法向加工误差范围从-0.0231～0.0802mm，降低至-0.01611～0.0402mm，能够满足球头铣削自由曲面淬硬钢模具的精度一致性要求，同时还能将加工效率提高 10%。

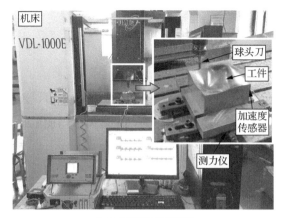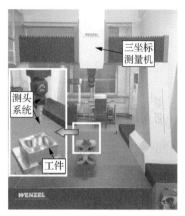

（a）工艺对比铣削实验　　　　　　　　　　（b）加工误差对比实验

图 7-26　过程集成工艺对比铣削实验以及加工误差对比实验

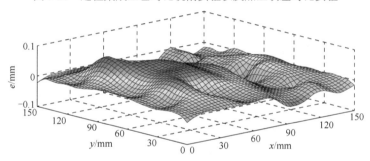

（a）未进行优化的轮廓法向加工误差

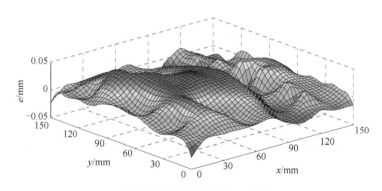

（b）进行优化的轮廓法向加工误差

图 7-27　过程集成工艺优化前后的轮廓法向加工误差分布

7.7　本　章　小　结

（1）基于球头铣削表面形貌分析，研究了加工倾角及刀具变形对让刀误差的影响规律。沿曲率方向切削时，随着刀具倾角的增大让刀误差增大；当加工倾角在 -20°～20°时，相同倾角情况下，上坡切削的让刀误差与下坡切削的让刀误差基本相等；当加工倾角在 20°～32°和-32°～-20°时，相同倾角情况下，上坡切削的让刀误差大于下坡切削的让刀误差；等高切削时，侧偏角增大，刀具让刀误差增大。

（2）基于 NURBS 曲面控制点重构方法建立了球头铣刀铣削曲面三维表面形貌仿真模型。研究了刀具倾角和曲面曲率对表面残留高度的影响规律。随着刀具倾角的增大，残留高度增大；随着曲面曲率的增大，残留高度增大。

（3）分析了自由曲面曲率对直线插补弦高误差的影响规律，随着刀具路径方向的曲率增大，插补弦高误差显著增大，以容许的最大弦高误差为约束，通过进给步长优化对直线插补弦高误差进行了补偿。

（4）基于自由曲面加工特征，将自由曲面加工区域分为倾角过大区域、曲率过大区域和曲面曲率突变区域，针对三种区域分别提出了误差控制方法。形成了球头铣削自由曲面淬硬钢模具加工过程集成工艺优化方法，并通过实验进行了验证。实验结果表明，采用本优化方法能够节约 10%的加工时间，同时将型面轮廓法向加工误差范围从-0.0231～0.0802mm，降低至-0.01611～0.0402mm，满足了球头铣削自由曲面淬硬钢模具加工精度一致性要求。

参 考 文 献

[1] Insperger T, Gradisek J, Kalveram M, et al. Machine tool chatter and surface quality in milling processes[J]. ASME International Mechanical Engineering Congress and Exposition, 2004, 128(4): 971-983.

[2] Kim G M, Kim B H, Chu C N. Estimation of cutter deflection and form error in ball-end milling processes[J]. International Journal of Machine Tools and Manufacture, 2003, 43(9): 917-924.

[3] Wei Z C, Wang M J, Cai Y J, et al. Form error estimation in ball-end milling of sculptured surface with z-level contouring tool path[J]. The International Journal of Advanced Manufacturing Technology, 2013, 65(1): 363-369.

[4] Wei Z C, Wang M J, Tang W C, et al. Form error compensation in ball-end milling of sculptured surface with z-level contouring tool path[J]. The International Journal of Advanced Manufacturing Technology, 2013, 67(9): 2853-2861.

[5] 魏兆成. 球头铣刀曲面加工的铣削力与让刀误差预报[D]. 大连: 大连理工大学, 2011.

[6] 韩庆瑶, 赵忠华. 基于 NURBS 的复杂曲线多轴运动控制轨迹生成的研究[J]. 机床与液压, 2014, 42(8): 106-109.

[7] 李学斌. 基于等参数线法离散 NURBS 曲面的插补算法[J]. 自动化技术与应用, 2014, 33(7): 97-100.

[8] 孙树杰, 林浒, 郑飂默, 等. 计算复杂度自适应的 NURBS 曲线插补算法[J]. 小型微型计算机系统, 2014, 35(4): 895-899.

[9] 王文莉, 黄祖广, 胡天亮, 等. NURBS 自适应实时插补算法的研究[J]. 制造技术与机床, 2014(6): 148-151.

[10] Dong H T, Chen B, Chen Y P, et al. An accurate NURBS curve interpolation algorithm with short spline interpolation capacity[J]. The International Journal of Advanced Manufacturing Technology, 2012, 63(9): 1257-1270.

[11] Lin Z W, Fu J E, Shen H Y, et al. An accurate surface error optimization for five-axis machining of freeform surfaces[J]. The International Journal of Advanced Manufacturing Technology, 2014, 71(5-8): 1175-1185.

[12] Xiao Y, Peng X G. A soft linen emulsion rate intelligent control system based on the domain interpolation algorithm with self adjusting[J]. Journal of Software, 2011, 6(8): 1429-1436.

[13] Sun K, Zhang J, He G P, et al. Research on the DDA precision interpolation algorithm for continuity of speed and acceleration[J]. Advances in Mechanical Engineering, 2015, 6(2): 308424-308442.

[14] 翁祖昊. 具有连续加加速度与误差自适应特性的高效柔性数控算法研究与设计[D]. 上海: 上海交通大学, 2015.

[15] Yang L, Wu S, Liu X L, et al. The effect of characteristics of free-form surface on the machined surface topography in milling of panel mold[J]. International Journal of Advanced Manufacturing Technology, 2018, 98: 151-163.

[16] Yazar Z, Koch K F, Merrick T, et al. Feed rate optimization based on cutting force calculations in 3-axis milling of dies and molds with sculptured surfaces[J]. International Journal of Machine Tools and Manufacture, 1994, 34(3): 365-377.

[17] Wu S, Li Z H, Liu X L. Effects of surface splicing characteristics of the hardened steel mold on the machined surface topography[J]. Proceedings of the Institution of Mechanical Engineers, Part B: Journal of Engineering Manufacture, 2020, 234(1-2): 270-284.

第8章　淬硬钢模具拼接区表面形貌的特征分析

淬硬钢模具拼接区表面形貌包含形状误差、表面波纹度、表面粗糙度等多种频率成分的综合信息[1]，其中表面粗糙度属于高频信号，其余属于低频信号，可以认为是表面粗糙度的评定基准。本章首先选择合适的小波基函数，然后基于小波变换对过缝时冲击振动和表面形貌的影响进行分析，提取不同切削参数下表面轮廓的小波包能量熵特征向量[2]。

8.1　小波变换理论及小波基选择

8.1.1　小波变换基本理论

相比于小波变换方法，传统的时频域分析方法对冲击信号的分析有一定局限性，小波变换更加具备时频域分析的特性，可对输入的复杂信号进行层层滤波。基于 NURBS 曲面重构的表面形貌，假设 $f(x,y)$ 表示铣削仿真表面形貌，对该矩阵进行小波变换[3-4]。

当母小波函数 $\psi(x) \in L^2(\mathrm{R})$ 时，满足

$$\iint_R \left| \hat{\psi}(x) \right|^2 |\omega|^{-1} \mathrm{d}\omega < +\infty \tag{8-1}$$

式中，$\hat{\psi}(x)$ 为 $\psi(x)$ 的二维傅里叶变换，$\psi(x)$ 为母小波函数。当 x,a,b 连续时，可对母小波函数进行平移或在尺度上进行伸缩变换，小波函数叠加后的连续小波 $\psi_{a,b}(x)$ 为

$$\psi_{a,b}(x) = \frac{1}{\sqrt{a}} \psi\left(\frac{x-b}{a}\right), \quad a \neq 0 \tag{8-2}$$

其中，a 为尺度参数，b 为平移参数。若 a, b 为离散值，且 $a = a_0^m$，$b = nb_0$，则连续小波函数可变形为

$$\psi_{a,b}(x) = \frac{1}{\sqrt{a_0^m}} \psi\left(\frac{x - nb_0}{a_0^m}\right) \tag{8-3}$$

若有一组离散序列 $f(x)$，则 $f(x)$ 的小波变换为

$$\mathrm{W}f(a,b) \leqslant f, \psi(a,b) \geqslant \frac{1}{\sqrt{|a|}} \int_R f(x) \overline{\psi}\left(\frac{x - b}{a}\right) \mathrm{d}x \tag{8-4}$$

对小波做卷积运算可得

$$\mathrm{W}f(a,b) = \frac{1}{\sqrt{|a|}} \int_R f(x) \overline{\psi}\left(\frac{x - b}{a}\right) \mathrm{d}x = \frac{1}{\sqrt{|a|}} f \cdot \overline{\psi}_{|a|}(b) \tag{8-5}$$

对小波进行逆变换运算可得

$$f(x) = \frac{1}{c_\psi} \int_{-\infty}^{\infty} \mathrm{W}f(a,b) \psi(a,b) \mathrm{d}x \tag{8-6}$$

式中，c_ψ 是小波函数的常数。

利用小波变换对拼接件模具铣削加工后的表面形貌进行处理，需要对相关的二维输入信号进行计算，并且可利用上述函数进行相关误差率的计算。假定连续小波函数 $\psi(x, y) \in L^2(R^2)$，经单维度小波函数变换可得

$$\psi_{a,b,c}(x, y) = \frac{1}{|a|} \psi\left(\frac{x - b}{a}, \frac{y - c}{a}\right) \tag{8-7}$$

式中，$a, b, c \in R, a \neq [0]$。则可继续推导出二维连续小波变换（continuous wavelet transform, CWT）的计算公式：

$$\mathrm{W}f(a,b,c) = \mathrm{CWT}(a,b,c) = \frac{1}{|a|} \iint_R f(x, y) \psi\left(\frac{x - b}{a}, \frac{y - c}{a}\right) \mathrm{d}x\mathrm{d}y \tag{8-8}$$

此时令 $a = a_0^{-j}, b = k_1 b_0 a_0^{-j}, c = k_2 c_0 a_0^{-j}$，其中 a_0、b_0、c_0 为常数，$j, k_1, k_2 \in Z$，

则可推导出二维离散平稳小波变换（discrete stationary wavelet transform, DSWT）：

$$\text{DSWT}(j,k_1,k_2) = a_0^j \sum_{l_2} \sum_{l_1} f(l_1,l_2) \psi\left(a_0^j l_1 - k_1 b_0, a_0^j l_2 - k_2 c_0\right) \quad （8\text{-}9）$$

令 $a_0 = 2, b_0 = c_0 = 1$，即可得到离散小波变换：

$$\text{W}f(j,k_1,k_2) = 2^j \sum_{l_2} \sum_{l_1} f(l_1,l_2) \psi\left(2^j l_1 - k_1, 2^j l_2 - k_2\right) \quad （8\text{-}10）$$

对于二维母小波的逆变换为

$$\overline{\psi}_{a,b,c}(x,y) \leqslant f(x,y), \ \psi_{a,b,c} > \overline{\psi}_{a,b,c} \leqslant f(x,y), \ \overline{\psi}_{a,b,c} > \psi_{a,b,c} \quad （8\text{-}11）$$

利用上述公式，可对拼接件模具铣削加工后的表面形貌信号进行分解，即第 n 层确定二维尺度函数[3-4]为

$$\begin{cases} \varphi_{n,k,l} = (x,y) = 2^{\frac{n}{2}} \varphi\left(2^n x - k, 2^n y - l\right) \\ \psi_{n,k,l}^i(x,y) = \varphi_{n,k,l} = (x,y) = 2^{\frac{n}{2}} \varphi\left(2^n x - k, 2^n y - l\right), \ i = 1,2,3 \end{cases} \quad （8\text{-}12）$$

令 $f(x,y) \in V_{n+1}^2$，在空间 $L^2(R^2)$ 中，铣削加工表面形貌三维粗糙度的小波提取算法为

$$f_{n+1} = f_n + g_n \quad （8\text{-}13）$$

式中，

$$f_n = \sum_{k,l \in z} C_{n+1,k,l} \varphi_{n+1,k,l}(x,y) \quad （8\text{-}14）$$

$$g_n = \sum_{k,l \in z} \left[d_{n,k,l}^1 \psi_{n,k,l}^1(x,y) + d_{n,k,l}^2 \psi_{n,k,l}^2(x,y) + d_{n,k,l}^3 \psi_{n,k,l}^3(x,y) \right] \quad （8\text{-}15）$$

$f_n \in V_n^2, g_n \in V_{n+1}^2, g_n \notin V_n^2$，$g_n$ 代表高频部分信号，f_n 代表低频部分信号。将 f_n 进行进一步分解，重复该过程，可得

$$F_{n+1} = g_n + g_{n-1} + g_{n-2} + \cdots + f_s \quad （8\text{-}16）$$

$g_i (i \in 1, 2, \cdots, n)$ 为小波分解的表面粗糙度的高频部分，f_s 为小波分解的表面粗糙度的评定基准。

8.1.2　小波包变换基本理论

小波包变换可对提取信号的低频和高频部分进行多尺度的分析，是小波变换理论的进一步优化，能够在满足海森伯不确定性原理下，将提取的信号按需求在不同的频段对时频分辨率分解，并且能够提供比小波变换理论更高的分辨率。设小波函数为 $\psi(x)$ 以及给定正交尺度函数为 $\Phi(t)$，其二尺度关系如下：

$$
\begin{cases}
\psi(x) = \sqrt{2} \sum_k h_{0k} \psi(2x - k) \\
\Phi(x) = \sqrt{2} \sum_k h_{1k} \Phi(2x - k)
\end{cases}
\tag{8-17}
$$

式中，h_{0k}, h_{1k} 为小波包变换分析使用的滤波器。在二尺度关系的基础上，将相关递推关系定义如下：

$$
\begin{cases}
w_{2n}(x) = \sqrt{2} \sum_{k \in z} h_{0k} w_n(2x - k) \\
w_{2n+1}(x) = \sqrt{2} \sum_{k \in z} h_{1k} w_n(2x - k)
\end{cases}
\tag{8-18}
$$

当 $n=0$ 时，$w_0(x) = \psi(x), w_1(x) = \Phi(x)$，$w_0(x)$ 为所表达的小波函数，$w_1(x)$ 为所表达的尺度函数。综上确定的小波包 $w_1(x) = \Phi(x)$ 为 $\{w_n(x)\}_{n \in z}$ 所定义的函数合集。为了对多分辨率进行分析，引入以下符号：

$$
\begin{cases}
U_j^0 = V_j, \quad j \in Z \\
U_j^1 = W_j, \quad j \in Z
\end{cases}
$$

则有

$$
V_j \oplus W_j = V_{j+1}, \ j \in Z
$$

$$
U_j^0 = U_{j+1}^0 \oplus U_{j+1}^1, \ j \in Z
$$

式中，$\oplus$ 表示正交和。

推广到小波包函数有

$$U_j^n = U_{j+1}^{2n} \oplus U_{j+1}^{2n}, \ j \in Z, n \in Z^+ \qquad (8\text{-}19)$$

小波包分解的表达式为

$$\begin{cases} W_j = U_{j+1}^2 \oplus U_{j+1}^3 \\ W_j = U_{j+2}^4 \oplus U_{j+2}^5 \oplus U_{j+2}^6 \oplus U_{j+2}^7 \\ \cdots\cdots \\ W_j = U_{j+k}^{2^k} \oplus U_{j+k}^{2^k+1} \oplus \cdots \oplus U_{j+k}^{2^{k+1}-1} \end{cases} \qquad (8\text{-}20)$$

8.1.3　铣削加工表面小波基的选择

在铣削加工后表面形貌信号滤波过程中，基于小波重构的整个流程可分为以下几个步骤：首先，对采集的表面形貌信号进行分解，通过选择合适的小波基并确定相应的分解层数 N，将需要滤波的信号逐层进行分解，得到各个尺度下的小波系数，通过对小波系数大小进行判别来区分其属于保留信号还是过滤信号，将原始信号分解至第 N 层；其次，根据所设定的临界值对每一层的高频系数进行改造，对低频系数进行保留；最后，将分解至第 N 层的低频系数与改造的第 N-1 层高频系数进行重构，即可获得滤波后的信号。

在这个过程中，对同一信号选择不同的基函数进行信号重构会有不同的结果，因此小波基函数的选取对信号的滤波有着很重要的影响。小波基函数的选择首先要针对信号本身的特点，将信号与小波基函数图像进行对比。常见的小波基函数的波形图如图 8-1～图 8-6 所示。

除了对相似性波形进行选择，也要清楚小波基函数所具有的特性。小波基函数的主要特性如下。

（1）消失矩：通过消失矩可对傅里叶变换函数的局部特征进行描述，其值越大，非 0 的小波系数就越少，同时小波支撑长度随小波消失矩增大而增大。

（2）正则性：为了使小波系数合成的信号更加平滑，减少由于取舍和改造引入的误差，需要小波基函数具有良好的正则性，但同消失矩特性相同，正则性越好，支撑长度越长。

（3）紧支撑性：选择小波基函数时要注意支撑长度的相关问题，过短的支撑长度容易分散能量，过长又会存在边界的问题。同时，紧支撑性与消失矩成反比，二者相互矛盾。

（4）对称性：具有对称性的小波基函数可以减少计算量，并且与之对应的滤波器也具有线性相位的特点，对称性的存在可以使相位的畸变量减少。

常用的五种小波基函数的主要特性如表 8-1 所示。根据特性进行初步筛选后，在实际选择中为了更好地对小波基函数的紧支撑性以及消失矩进行权衡，会根据所采集信号数据点连续性程度来判定，如果连续性较好，要选择更高的消失矩，连续性不好时要选择较低的消失矩。针对分析信号的特点，优先选择近似对称或不对称的小波基函数，然后根据信号相似性、支撑长度适当的原则选择 db3 小波基函数。

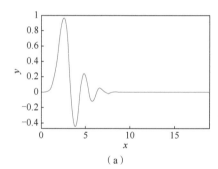
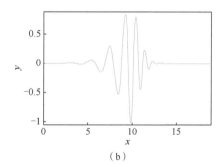

（a）　　　　　　　　　　　　　　　（b）

图 8-1　db3 小波基函数波形

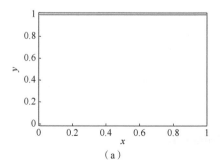
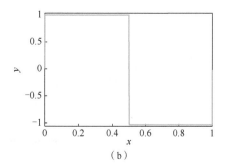

（a）　　　　　　　　　　　　　　　（b）

图 8-2　haar 小波基函数波形

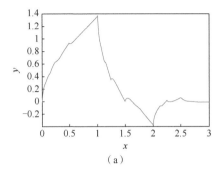
（a）

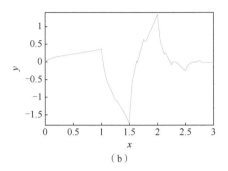
（b）

图 8-3 sym2 小波基函数波形

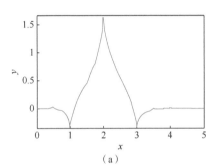
（a）

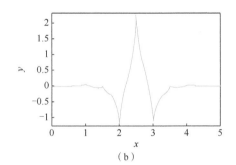
（b）

图 8-4 coif1 小波基函数波形

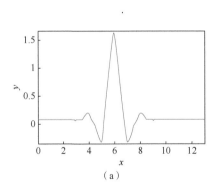
（a）

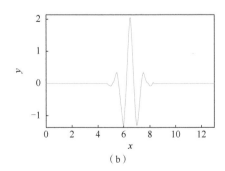
（b）

图 8-5 bior2.6 小波基函数波形

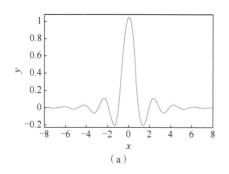
（a）

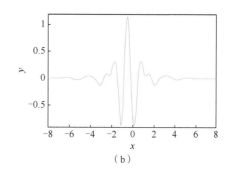
（b）

图 8-6　meyr 小波基函数波形

表 8-1　常用的五种小波基函数的主要特性

	Daubechies	Symlets	Biorthogonal	Haar	Coiflets
小波缩写名	db	sym	bior	haar	coif
表示形式	db$N$	sym$N$	biorNr.Nd	haar	coif$N$
正交性	有	有	无	有	有
双正交性	有	有	有	有	有
紧支撑性	有	有	有	有	有
连续小波变换	可以	可以	可以	可以	可以
离散小波变换	可以	可以	可以	可以	可以
支撑长度	2N-1	2N-1	重构：2Nr+1 分解：2Nd+1	1	6N-1
对称性	近似对称	近似对称	不对称	对称	近似对称

注：N 为小波的分解阶数。

8.2　基于小波变换表面形貌的时空分析

选择小波基函数后，对仿真的表面形貌进行连续小波变换，探究在每齿进给量、主轴转速以及轴向铣削深度变化下表面轮廓在时频域的变化规律。

8.2.1 考虑每齿进给量变化的表面形貌时空分析

选定切削参数为 n=4000r/min、a_e=0.3mm、a_p=0.3mm，球头铣刀半径 R=5mm 时，每齿进给量 f_z 分别为 0.15mm、0.2mm、0.25mm，探究每齿进给量变化下的幅值变化规律，其表面轮廓的连续小波变换图如图 8-7～图 8-9 所示。

从图 8-7～图 8-9 可以看出，在拼接缝前均出现一个峰值，且该峰值所处位置均在 70～100Hz，且随着进给量的增加该峰值出现的位置越靠后。在拼接缝后出现两个峰值，且随着每齿进给量的增加，幅值增大，这是由于存在过缝冲击，瞬时冲击力增加，出现单齿切削的现象，导致表面轮廓的高度增加。

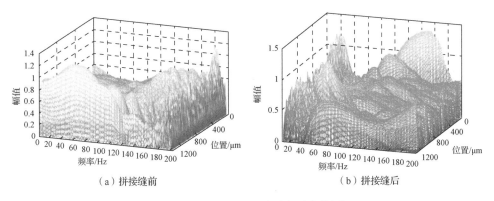

（a）拼接缝前　　　　　　　　　（b）拼接缝后

图 8-7　f_z=0.15mm 时连续小波变换图

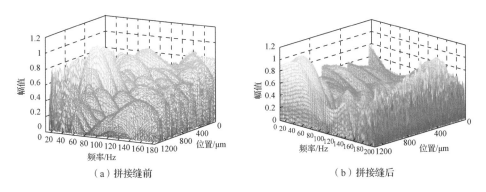

（a）拼接缝前　　　　　　　　　（b）拼接缝后

图 8-8　f_z=0.2mm 时连续小波变换图

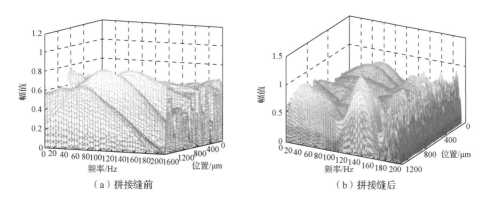

（a）拼接缝前　　　　　　　　　　　（b）拼接缝后

图 8-9　f_z =0.25mm 时连续小波变换图

8.2.2　考虑主轴转速变化的表面形貌时空分析

选定切削参数为 f_z=0.15mm、a_e=0.3mm、a_p=0.3mm，刀具半径 R=5mm 时，主轴转速 n 分别为 3000r/min、5000r/min、6000r/min，基于小波变换分析不同主轴转速下的连续小波变换图，并探究主轴转速变化下的幅值变化规律。

从图 8-10～图 8-12 可以看出，主轴变化时小波变换图呈现的整体趋势与每齿进给量变化时呈现的趋势相似，但主轴转速变化时所引起的幅值较大，拼接缝前幅值出现的频率提前，拼接缝后幅值峰值出现的位置延迟靠后，并且随着主轴转速的增大，拼接缝区域幅值峰值变化逐渐减小，并趋向于稳定。

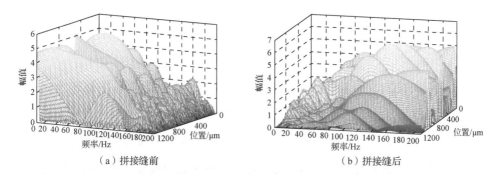

（a）拼接缝前　　　　　　　　　　　（b）拼接缝后

图 8-10　n=3000r/min 时连续小波变换图

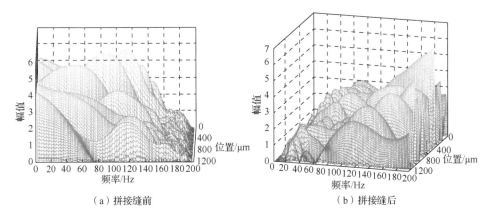

（a）拼接缝前　　　　　　　　　　　　（b）拼接缝后

图 8-11　n=5000r/min 时连续小波变换图

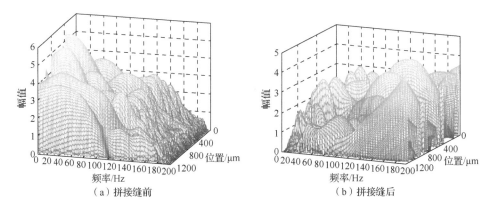

（a）拼接缝前　　　　　　　　　　　　（b）拼接缝后

图 8-12　n=6000r/min 时连续小波变换图

8.2.3　考虑轴向铣削深度变化的表面形貌时空分析

选定切削参数为 n=4000r/min、f_z=0.15mm、a_e=0.3mm，刀具半径 R=5mm 时，轴向铣削深度 a_p 分别为 0.1mm、0.2mm、0.4mm，基于小波变换分析轴向铣削深度下连续小波变换图，并探究轴向铣削深度变化下表面形貌变化的规律。

从图 8-13～图 8-15 可以看出，变化趋势与每齿进给量以及主轴转速变化趋势基本相同，并且随着轴向铣削深度的增大，频率对应的幅值逐渐增大。

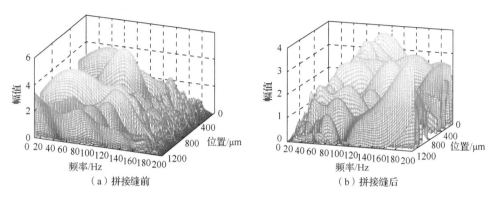

（a）拼接缝前   （b）拼接缝后

图 8-13 a_p =0.1mm 时连续小波变换图

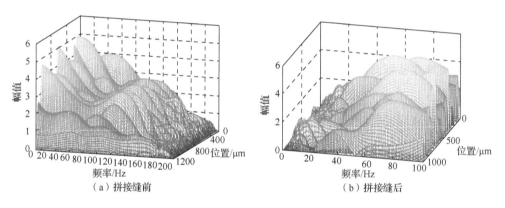

（a）拼接缝前   （b）拼接缝后

图 8-14 a_p =0.2mm 时连续小波变换图

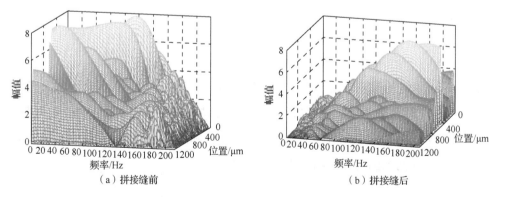

（a）拼接缝前   （b）拼接缝后

图 8-15 a_p =0.4mm 时连续小波变换图

对上面三类九种不同的工况进行分析，球头铣刀经过拼接缝区域时受到冲击振动，此时铣削力冲击加强，同一个刀齿的铣削力有分叉现象，这是过缝处产生的冲击力振荡衰减所导致的。从凸曲面拼接件模具的下端向顶端上坡铣削时，X 向的铣削力 F_X 明显大于 Y 向铣削力 F_Y。随着铣削力的增大，振动变化增大，出现单齿切削的现象，导致轮廓规律变乱，同时幅值增大。

8.3　小波能量熵特征的提取

提取表面形貌的特征是为了准确地对切削参数目标函数进行反演研究。采用功率谱分析的方法对表面轮廓信号某一频段的能量提取进行描述。

功率谱分析能够准确地对频率结构进行表达，多用来分解复杂信号，通过概率统计中概率密度分布函数对连续信号进行瞬态响应的描述，反映出信号在该频段能量大小，在小波特征向量提取方面，可以通过频率谱所描述的信号频段进行能量提取，进而基于能量熵对信号进行特征提取。

假设在各工况下所提取的仿真轮廓信号为 $z(x)$，依据相关信号处理中的表达方式[5-6]，可定义基于铣削加工下所提取的表面轮廓信号的功率谱密度函数为

$$G(\gamma) = \int_0^{+\infty} R(\gamma) e^{-j2\pi\nu\gamma} d\gamma \qquad （8-21）$$

式中，

$$R(\gamma) = \lim_{L \to \infty} \frac{1}{L} \int_0^L z(x) z(x + \gamma) dx \qquad （8-22）$$

式（8-21）表达的是双边谱，即在正负频率轴均存在功率谱图，因此区间设定为 $(-\infty, +\infty)$。$R(\gamma)$ 表示自相关函数，γ 表示一个周期的距离，L 为一个信号周期。

在实际铣削过程中，负频率功率谱不存在实际意义，因此，重新定义了单边谱，定义其区间范围为 $(0, +\infty)$，表达形式如下：

$$G(\gamma) = 2S(\gamma) = 2\int_0^{+\infty} R(\gamma) e^{-j2\pi\nu\gamma} d\gamma \qquad （8-23）$$

为了得到切削参数目标函数的反演模型，对铣削加工仿真形貌的表面轮廓信号采用 db3 小波基函数进行小波特征向量提取。小波包对信号分解具有自适应性，在已知信号特征的情况下能够自动选取合适的时频分辨率，从而进行对信号的三层分解。

三层小波包分解的原理图如图 8-16 所示。图中，S 表示原始信号，A 表示低频信号，D 表示高频信号，AD2 表示第 1 层高频第 2 层低频的分解后信号，其他依此类推。

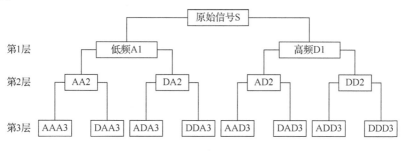

图 8-16 三层小波包分解原理图

针对各个工况，首先提取第 3 层从低频段到高频段的能量熵特征；其次将信号进行重构，并进行傅里叶变换验证频率主要集中的位置；再次对每个单元的连续小波信号进行提取；然后基于能量熵进行总和平均处理；最后将这些均值处理后的单元组成多维特征向量，以此作为该组信号的特征向量进行研究。信号具体构造公式如下。

（1）对所提取的信号 $f(t) \in L^2(R)$ 提取其小波包系数，公式如下：

$$s_{j,i}^k(t) \leqslant f(t) \tag{8-24}$$

式中，小波包系数为 $s_{i,j}^k(t)(k=1,2,\cdots,m)$，对应小波各层节点 (i,j)。

（2）对能量熵进行提取，输入的轮廓原始信号 $f_{0,0}^k(t)$ 分解为 $f_{i,n}^k(t)(n=0,1,\cdots,2^{j-1})$，则针对分解信号第 (i,n) 节点处在时间 $[t_1, t_2]$ 的能量熵可以表示为

$$e_{i,n} = \int_{t_1}^{t_2} \left| f_{i,n}^k(t) \right|^2 \mathrm{d}t = \sum_{k=1}^{m} \left| x_{i,n}^k \right|^2 \tag{8-25}$$

（3）得到三层小波包分解的特征 $T = \left[e_{3,0}, e_{3,1}, e_{3,2}, e_{3,3}, e_{3,4}, e_{3,5}, e_{3,6}, e_{3,7} \right]$。

为了消除采集信号的偏差，采用区域平均的方式提取小波特征向量，首先将

原信号进行均匀分块，然后对每块单元的信号进行三层小波包分解，接着对分解信号进行重构，最后得到每块的能量熵特征。

8.3.1　考虑每齿进给量变化的表面形貌特征提取

基于小波包变换，将每齿进给量变化情况下拼接缝前后的信号进行三层小波包分解，滤波器长度为 3，计算小波包分解的能量熵，即高频能量和低频能量小波包的层数，$i=3$ 时共有 8 个能量熵，能量熵图如图 8-17～图 8-19 所示。

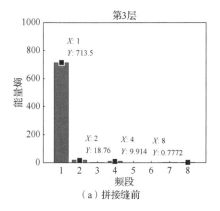
（a）拼接缝前

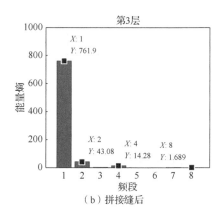
（b）拼接缝后

图 8-17　f_z =0.15mm 时各频段能量熵图

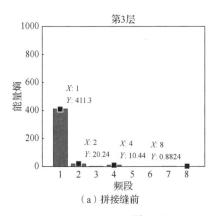
（a）拼接缝前

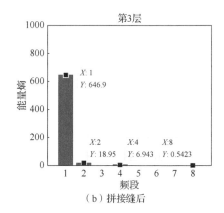
（b）拼接缝后

图 8-18　f_z =0.2mm 时各频段能量熵图

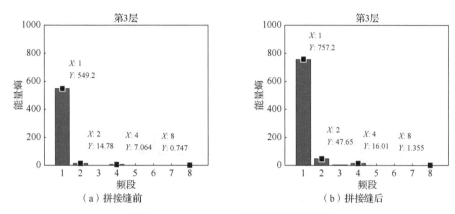

图 8-19　f_z=0.25mm 时各频段能量熵图

8.3.2　考虑主轴转速变化的表面形貌特征提取

　　基于小波包变换，将主轴转速变化情况下拼接缝前后的信号进行三层小波包分解，滤波器长度为 3，计算小波包分解的能量，即高频能量和低频能量，i=3 时共有 8 个能量，能量熵图如图 8-20～图 8-22 所示。

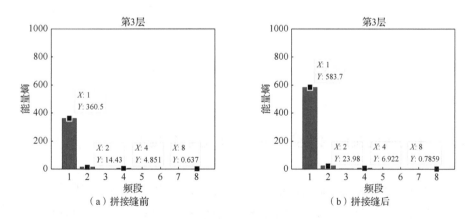

图 8-20　n=3000r/min 时各频段能量熵图

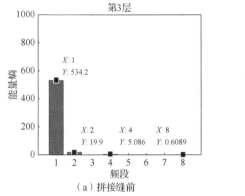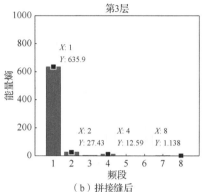

（a）拼接缝前　　　　　　　　　　（b）拼接缝后

图 8-21　n=5000r/min 时各频段能量熵图

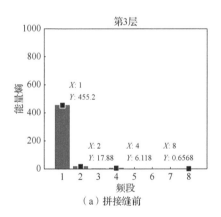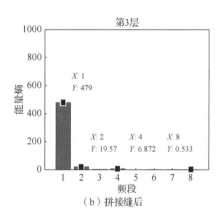

（a）拼接缝前　　　　　　　　　　（b）拼接缝后

图 8-22　n=6000r/min 时各频段能量熵图

8.3.3　考虑轴向铣削深度变化的表面形貌特征提取

基于小波包变换，将轴向铣削深度变化情况下拼接缝前后的信号进行三层小波包分解，滤波器长度为 3，计算小波包分解的能量，即高频能量和低频能量，i=3 时共有 8 个能量，能量熵图如图 8-23～图 8-25 所示。

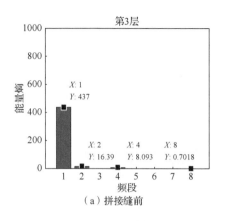
（a）拼接缝前

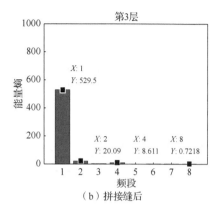
（b）拼接缝后

图 8-23　a_p=0.1mm 时各频段能量熵图

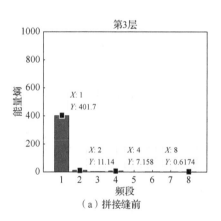
（a）拼接缝前

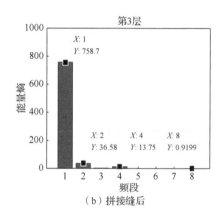
（b）拼接缝后

图 8-24　a_p=0.2mm 时各频段能量熵图

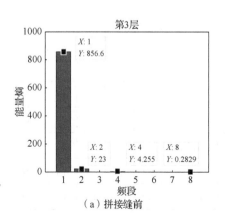
（a）拼接缝前

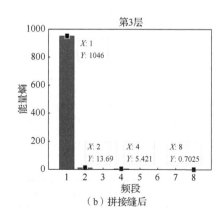
（b）拼接缝后

图 8-25　a_p=0.4mm 时各频段能量熵图

根据能量熵的极值性和最大熵定理，在拼接缝模具铣削过程中振动信号能量熵值越大，表明信号能量和频率分布越分散。由上述不同工况下各频段的能量熵分布（表8-2）可以看出，在此过程中振动信号的能量分布比较集中，并且拼接缝后的总能量偏大，这是由于过缝时存在冲击振动，此结论与8.2.3节中表面形貌时空分析具有一致性。

表 8-2 各工况下能量熵

序号	主轴转速 $n/(\text{r/min})$	轴向铣削深度 a_p/mm	每齿进给量 f_z/mm	频段能量熵特征								铣削位置
				1	2	3	4	5	6	7	8	
A1	4000	0.2	0.15	713.5	18.8	2.0	9.9	0.2	0.3	1.1	0.8	缝前
	4000	0.2	0.15	761.9	43.1	3.6	14.3	0.3	1.0	2.2	1.7	缝后
A2	4000	0.2	0.2	411.3	20.2	2.4	10.4	0.2	0.4	1.4	0.9	缝前
	4000	0.2	0.2	646.9	19.0	1.8	6.9	0.1	0.2	0.4	0.5	缝后
A3	4000	0.2	0.25	549.2	14.8	1.8	7.1	0.1	0.4	1.1	0.7	缝前
	4000	0.2	0.25	757.2	47.7	4.5	16.0	0.3	0.5	1.7	1.4	缝后
B1	3000	0.2	0.15	360.5	14.4	1.3	4.9	0.1	0.4	1.2	0.6	缝前
	3000	0.2	0.15	583.7	24.0	2.2	6.9	0.2	0.4	0.8	0.8	缝后
B2	5000	0.2	0.15	534.2	19.9	1.7	5.1	0.2	0.3	1.1	0.6	缝前
	5000	0.2	0.15	635.9	27.4	3.5	12.6	0.2	0.6	1.8	1.1	缝后
B3	6000	0.2	0.15	455.2	17.9	2.3	6.1	0.1	0.3	1.1	0.7	缝前
	6000	0.2	0.15	479.0	19.6	2.2	6.9	0.2	0.5	1.1	0.5	缝后
C1	4000	0.1	0.15	437.0	16.4	1.9	8.1	0.2	0.3	1.2	0.7	缝前
	4000	0.1	0.15	529.5	20.1	1.8	8.6	0.1	0.3	1.0	0.7	缝后
C2	4000	0.2	0.15	401.7	11.1	2.0	7.2	0.1	0.3	1.0	0.6	缝前
	4000	0.2	0.15	758.7	36.6	3.5	13.8	0.3	0.5	1.6	0.9	缝后
C3	5000	0.4	0.15	856.6	23.0	0.7	4.3	0.1	0.1	0.3	0.3	缝前
	5000	0.4	0.15	1046.0	13.7	2.0	5.4	0.2	0.3	1.2	0.7	缝后

8.4 本章小结

本章基于小波变换及小波包变换具有多尺度分析的特点，对铣削加工后拼接区附近表面形貌进行时空分析和各频段能量熵提取，得出以下结论。

（1）通过对小波基函数相似性波形的对比，以及对小波基函数所具有的特性分析，确定使用 db3 小波基函数作为小波基对表面形貌信号进行特征分析与提取。

（2）研究了每齿进给量、主轴转速以及轴向铣削深度变化下频率位置和幅值的关系，发现在加工过程中球头铣刀经过拼接缝过渡区时受到冲击振动，使拼接区域的瞬时铣削力冲击加强，同一个刀齿的铣削力有分叉现象，在拼接缝前均出现一个峰值，且该峰值所处位置均在 70～100Hz。

（3）从凸曲面拼接件模具的下端向顶端上坡铣削时，X 向的铣削力 F_X 明显大于 Y 向铣削力 F_Y，此时侧偏角较大，为球头铣刀侧铣切削，X 向分力增加，进给方向铣削力 F_X 明显增大。随着铣削力的增大，振动变化增大，出现单齿切削的现象，导致轮廓规律变乱，同时幅值增加。

（4）通过小波包变换对信号进行三层小波包分解，频段变化规律与时空分析规律相同。从各频段的能量分布图可以看出，在此过程中振动信号的能量分布比较集中，并且拼接缝后的总能量偏大。

参 考 文 献

[1] 胥超, 樊文欣, 周永召. 三维表面粗糙度评定的小波基准面[J]. 制造业自动化, 2013, 35(9): 1-8.

[2] 吴石, 赵洪伟, 李鑫. 覆盖件模具拼接区表面微观几何形貌的反演分析[J]. 中国机械工程, 2021, 32(7): 806-814.

[3] 陈志杰. 微细电火花加工表面粗糙度评定研究[D]. 哈尔滨: 哈尔滨工程大学, 2011.

[4] 王文卓. 基于数字图像技术的铸造表面粗糙度三维评价[D].哈尔滨: 哈尔滨理工大学, 2005.

[5] 张德丰. MATLAB 小波分析[M]. 北京: 机械工业出版社, 2009.

[6] 吴承伟, 郑林庆. 相关分析与谱分析在表面形貌研究中的应用[J]. 摩擦学学报, 1992, 12(1):18-25.

第9章 铣削加工对表面形貌的影响及反演研究

为了研究加工过程中刀具-工件时变的接触关系对表面形貌的影响情况，以及验证铣削加工表面形貌仿真、小波包能量熵提取的准确性和可靠性，本章设计了铣削加工中主轴转速、进给量和轴向铣削深度等切削参数对表面形貌影响的一系列实验。

首先进行实验设计，设计出实验所需的拼接件模具样件；然后设置多组单因素变量实验，应用超景深显微镜、白光干涉仪对加工后淬硬钢模具样件的表面进行观测，得到加工后样件的表面形貌，将仿真数据与实验数据利用算术平均偏差进行对比，验证第 7 章表面形貌仿真模型的准确性；最后根据第 8 章的能量熵提取方法提取表面形貌的特征，基于 MPGA-ANN（多种群遗传算法，multiple population genetic algorithm, MPGA；人工神经网络，artificial neural network, ANN）进行淬硬钢模具切削参数反演。

9.1 实验设备与参数的设定

9.1.1 实验设备的选择

1. 实验仪器的选择

实验中，选用 PCB 加速度传感器采集模具样件的铣削振动信号，其灵敏度为 10.42mV/g；选用东华 DH5922 信号采集系统分析加工过程中多通道振动加速度数据信号；选用 VHX-1000 超景深显微镜测量铣削加工后的淬硬钢模具样件拼接缝两端表面形貌的三维图像，如图 9-1 所示；选用 CCI Map Taylor Hobson 白光干涉仪获得铣削加工后的该样件拼接缝两端表面形貌的数字模型，如图 9-2 所示。

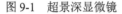

图 9-1 超景深显微镜

图 9-2 白光干涉仪

2. 样件材料的选择

汽车覆盖件拼接件模具采用 Cr12MoV 材料，该淬硬钢拼接模具材料的化学元素质量分数如表 9-1 所示。

表 9-1 选取的淬硬钢拼接模具样件的化学元素质量分数　　单位：%

选取材料	碳（C）	硫（S）	铜（Cu）	铬（Cr）	锰（Mn）	磷（P）	硅（Si）	铁（Fe）
Cr12MoV	1.45～1.70	≤0.03	≤0.30	11.00～12.50	≤0.40	≤0.30	≤0.40	剩余

3. 机床的选择

在满足经济性要求的情况下，为了保证所获得实验数据的可靠性以及验证表面形貌仿真模型的准确性，选用通用技术集团大连机床有限责任公司生产的三轴立式加工中心 VDL-1000E，如图 9-3 所示。

图 9-3 三轴立式加工中心 VDL-1000E

4. 刀具的选择

多硬度拼接区的铣削加工易引起载荷突变,对刀具造成明显的振动冲击;同时模具样件曲面形状起伏,曲率变化,材料去除体积也随之变化,导致加工过程刀具载荷极不稳定,需要刀具具有较好的耐磨性和可靠性,以保证进行多组铣削实验研究。根据上述需求,选用戴杰二刃整体硬质合金球头立铣刀 DV-OCSB2100-L140(刀具半径为 5mm,螺旋角为 30°)。在实验过程中,选用 Kistler 9257B 测力仪对加工过程的瞬时铣削力进行采集,并在主轴旁安装电涡流传感器以采集主轴振动,淬硬钢拼接模具铣削实验数据采集系统如图 9-4 所示。

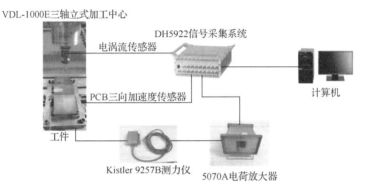

图 9-4　淬硬钢拼接模具铣削实验数据采集系统

9.1.2　加工样件及切削参数的设定

实验中,选取的加工样件为凸曲面定曲率拼接件模具样件,样件由三块硬度不同的 Cr12MoV 淬硬钢组成,其中两块硬度为 45HRC,一块硬度为 60HRC,模具样件的曲率设计为 $K = 4.76\text{m}^{-1}$,规格大小为 180mm×70mm×60mm,其模型和实际图如图 9-5 所示。

通过铣削凸曲面定曲率样件实验,研究了不同工况下球头铣刀在过缝时对表面形貌的影响,并对表面形貌仿真结果进行分析,验证该仿真模型的准确性和可靠性。本次实验采取单一变量的原则,研究主轴转速、进给量、径向切宽和轴向铣削深度等切削参数对表面形貌的影响。铣削加工数据采集现场如图 9-6 所示。

（a）实验件模型　　　　　　　　　　（b）实验件实体

图 9-5　实验样件

图 9-6　铣削加工数据采集现场

　　模具样件铣削实验的相关切削参数如表 9-2 所示，分别进行不同轴向铣削深度 a_p、每齿进给量 f_z、主轴转速 n 下的铣削实验。

表 9-2　不同工况下切削参数

序号	切削参数			球头铣刀参数		
	转速/(r/min)	轴向铣削深度/mm	每齿进给量/mm	齿数	螺旋角/(°)	直径/mm
A1	4000	0.3	0.15	2	30	10
A2	4000	0.3	0.2	2	30	10
A3	4000	0.3	0.25	2	30	10
B1	3000	0.3	0.15	2	30	10
B2	5000	0.3	0.15	2	30	10
B3	6000	0.3	0.15	2	30	10
C1	4000	0.1	0.15	2	30	10
C2	4000	0.2	0.15	2	30	10
C3	5000	0.4	0.15	2	30	10

9.2　切削参数变化时振动对表面形貌的影响

　　为了提高实验效率，降低实验成本，首先对走刀路径进行确定。选取切削参数 n=4000r/min、f_z=0.15mm、a_p=0.3mm 进行模具样件铣削实验，通过 VHX-1000 超景深显微镜来测量从低硬度向高硬度，以及从高硬度向低硬度的切削加工后工件的表面形貌。图 9-7（a）、（b）分别为上坡铣削时即从低硬度向高硬度加工时的模具拼接件缝前、缝后的 VHX-1000 超景深显微镜图。图 9-8（a）、（b）分别为下坡铣削时即从高硬度向低硬度加工时的模具拼接件缝前、缝后的 VHX-1000 超景深显微镜图。对比两组图片，总结出下坡时铣削加工表面形貌的质量相比于上坡

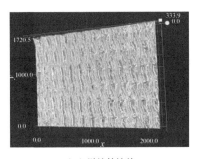 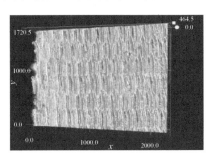

　　　　（a）拼接件缝前　　　　　　　　　　　　　（b）拼接件缝后

图 9-7　上坡铣削时显微镜下的表面形貌微观结构（单位：μm）

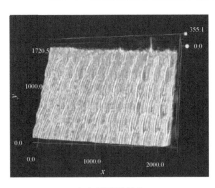 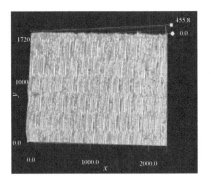

　　　　（a）拼接件缝前　　　　　　　　　　　　　（b）拼接件缝后

图 9-8　下坡铣削时显微镜下的表面形貌微观结构（单位：μm）

时铣削加工表面形貌质量较差，同时表面纹理的清晰度也更低。因此，选取下坡铣削加工走刀过程进行观测研究。为更加精准地观测铣削振动对表面质量的影响，在进行数据采集时选择拼接缝过渡区 1mm 处，对铣削加工后的表面形貌变化规律进行研究。

9.2.1　每齿进给量变化时振动对表面形貌的影响

选取切削参数 $n=4000\text{r/min}$、$a_p=0.3\text{mm}$，球头铣刀半径 $R=5\text{mm}$，进行单因素模具样件铣削实验，实验中每齿进给量 f_z 分别选取 0.15mm、0.2mm、0.25mm，在实验加工后利用白光干涉仪进行测量，结果如图 9-9～图 9-11 所示。可以看出，在样件拼接区的铣削过程中，所观测的形貌在进给方向及行距方向均呈现规律分布。当每齿进给量较小时，形貌分布较为均匀。随着每齿进给量的增加，表面形貌的残留高度在同距离中出现次数降低，并且受到振动等其他因素的综合影响，所观测的形貌在进给方向上发生较为明显的变化，并且缝后的残留高度较缝前变化明显，形貌的分布规律性及均匀性也降低[1]，与所仿真的表面形貌变化具有一致性。

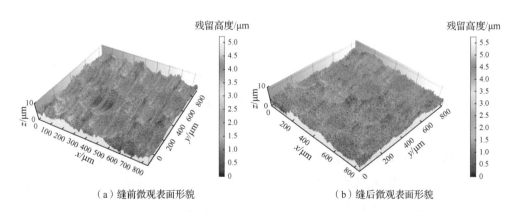

（a）缝前微观表面形貌　　　　　　　　（b）缝后微观表面形貌

图 9-9　f_z =0.15mm 时的拼接缝过渡区表面形貌

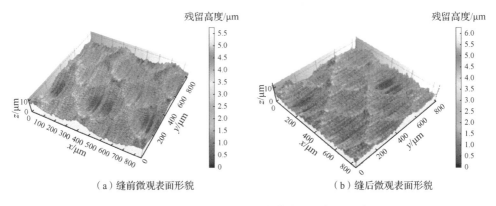

（a）缝前微观表面形貌　　　　　　　（b）缝后微观表面形貌

图 9-10　f_z =0.2mm 时的拼接缝过渡区表面形貌

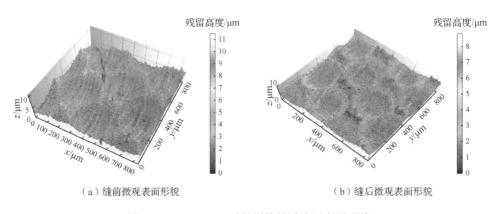

（a）缝前微观表面形貌　　　　　　　（b）缝后微观表面形貌

图 9-11　f_z=0.25mm 时的拼接缝过渡区表面形貌

9.2.2　主轴转速变化时振动对表面形貌的影响

选取切削参数为 f_z=0.15mm、a_p=0.3mm，球头铣刀半径 R=5mm，进行单因素模具样件铣削实验，实验中主轴转速 n 分别选取 3000r/min、5000r/min、6000r/min，运用白光干涉仪观测上述工况下铣削加工后样件的表面形貌，结果如图 9-12～图 9-14 所示。

从图 9-12～图 9-14 可以看出，在样件拼接区的铣削过程中，当转速为

3000r/min 时拼接缝前后的残留高度达到最大，随着主轴转速的增大，虽然残留高度没有明显增大，但表面形貌的缺陷增多。对比主轴转速 3000r/min、5000r/min、6000r/min 的形貌，残留高度具有随着转速提高而递增的趋势。

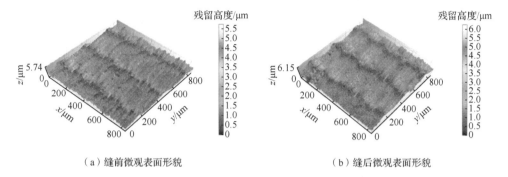

（a）缝前微观表面形貌　　　　　　　　　（b）缝后微观表面形貌

图 9-12　n=3000r/min 时的拼接缝过渡区表面形貌

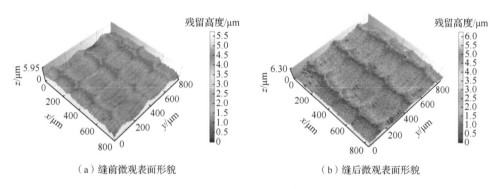

（a）缝前微观表面形貌　　　　　　　　　（b）缝后微观表面形貌

图 9-13　n=5000r/min 时的拼接缝过渡区表面形貌

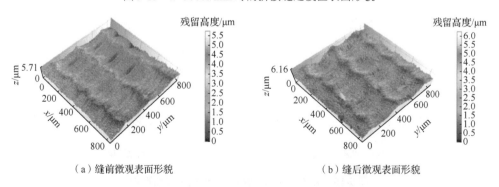

（a）缝前微观表面形貌　　　　　　　　　（b）缝后微观表面形貌

图 9-14　n=6000r/min 时的拼接缝过渡区表面形貌

9.2.3　轴向铣削深度变化时振动对表面形貌的影响

在切削参数 n=4000r/min、f_z=0.15mm，刀具半径 R=5mm，轴向铣削深度 a_p 依次为 0.1mm、0.2mm、0.4mm 情况下，研究改变轴向铣削深度、其他切削参数不变时拼接区域接缝两侧的表面形貌，通过白光干涉仪测量切削结束后样件拼接区域接缝两侧的表面形貌，测量结果如图 9-15～图 9-17 所示。

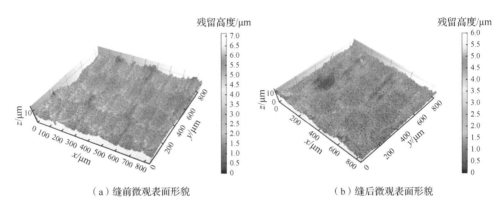

（a）缝前微观表面形貌　　　　　　　　　（b）缝后微观表面形貌

图 9-15　a_p=0.1mm 时的拼接缝过渡区表面形貌

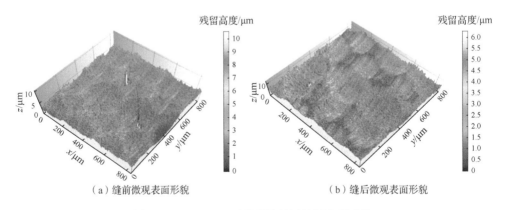

（a）缝前微观表面形貌　　　　　　　　　（b）缝后微观表面形貌

图 9-16　a_p=0.2mm 时的拼接缝过渡区表面形貌

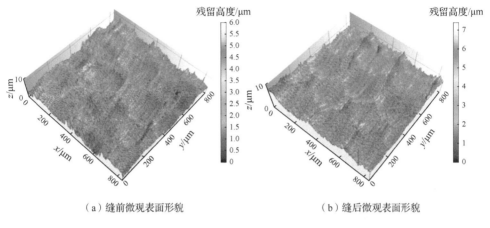

（a）缝前微观表面形貌　　　　　　　　　（b）缝后微观表面形貌

图 9-17　a_p=0.4mm 时的拼接缝过渡区表面形貌

从图 9-9～图 9-17 中可以看出，加工后样件表面形貌由在行距方向上高幅值的残留高度出现频率和进给方向高幅值的残留高度出现频率共同决定。表面形貌在进给方向上和行距方向上都呈现周期性分布，随着轴向铣削深度的增加，残留高度增加，当轴向铣削深度在 0.4mm 时，由于产生颤振刀具-工件位移较大，在进给方向上发生严重变化，导致加工质量变差，同时缝后的表面形貌与仿真结果略有出入。

9.3　表面残留高度对比及能量熵特征提取

在研究拼接样件表面形貌的过程中，为了进一步验证在铣削过程中，刀具过缝时由于冲击振动的影响造成缝后的表面质量较差，以及表面形貌仿真模型的准确性，对上述工况的形貌残留高度的二维轮廓曲线进行提取，提出了基于表面粗糙度的评价指标（表面算术平均偏差 S_a），对实验加工样件表面纹理特性与仿真进行分析。表面算术平均偏差能够充分反映加工后样件的表面状态，表面算术平均偏差越小要求工件越精细，相关零件的设计及加工费用就会越高。因此，在零件设计加工过程中，坚持在满足技术要求的前提下，选择最大的表面算术平均偏差 S_a 的原则。

在样件拼接缝采样区域通过 S_a 来测定表面纹理到基准面的距离，S_a 表达式如下：

$$S_a = \frac{1}{s} \iint_S |\mu - \mu_0| \, \mathrm{d}x\mathrm{d}y \qquad (9\text{-}1)$$

式中，S 为观测的表面轮廓面积；μ 为观测到的二维轮廓方程；μ_0 为定义的二维轮廓基准。

为了得到二维轮廓方程，根据 NURBS 重构方法建立仿真表面形貌时对仿真的残留高度离散点 $H(x, y)$ 进行提取，从而得到表面算术平均偏差 S_a。具体表达式如下：

$$S_a = \frac{1}{m \cdot n} \sum_{i=0}^{m} \sum_{j=0}^{n} \left| z(x_i, y_j) - z_a(x_i, y_j) \right| \qquad (9\text{-}2)$$

9.3.1 每齿进给量变化时表面残留高度对比

选取切削参数为 n=4000r/min、a_p=0.3mm，球头铣刀半径 R=5mm，进行单因素模具样件铣削实验，实验中每齿进给量 f_z 分别选取 0.15mm、0.2mm、0.25mm，对实验所得表面形貌的残留高度的二维轮廓信号进行提取，如图 9-18～图 9-20 所示。

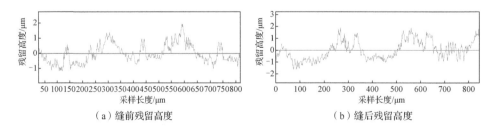

（a）缝前残留高度　　　　　　　　　（b）缝后残留高度

图 9-18　f_z=0.15mm 时的残留高度

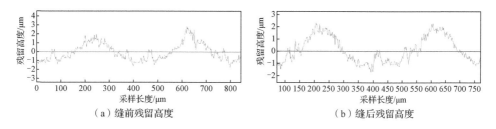

（a）缝前残留高度　　　　　（b）缝后残留高度

图 9-19　f_z=0.2mm 时的残留高度

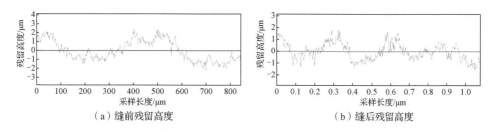

（a）缝前残留高度　　　　　（b）缝后残留高度

图 9-20　f_z=0.25mm 时的残留高度

　　仿真与加工后样件拼接区的表面算术平均偏差 S_a 对比图如图 9-21 所示。由图 9-21 可以看出，在每齿进给量变化的铣削过程中，随着每齿进给量的增大，仿真分析及实验测量所得的表面轮廓残留高度的算术平均偏差（ S_a ）均增大，并且在拼接缝区域缝后的值较缝前的值大，产生这种情况的原因是拼接缝前后材料的硬度不同，球头铣刀受到瞬时冲击振动，使拼接区域的瞬时铣削力振荡增强致使表面形貌质量较差。同时，在图中可以看出仿真分析所得到的算术平均偏差相比于实验所得的值较小，说明在加工工件时表面形貌不是受单一因素所影响，而是受多个因素影响，并且相互之间还存在着耦合关系。

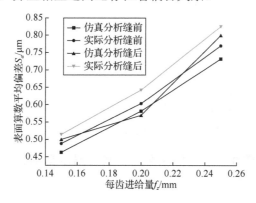

图 9-21　每齿进给量变化时表面算术平均偏差

9.3.2　主轴转速变化时表面残留高度对比

选取切削参数为 f_z=0.15mm、a_p=0.3mm，球头铣刀半径 R=5mm，进行单因素模具样件铣削实验，实验中主轴转速 n 分别选取 3000r/min、5000r/min、6000r/min，对实验所得表面形貌残留高度的二维轮廓信号进行提取，如图 9-22～图 9-24 所示。

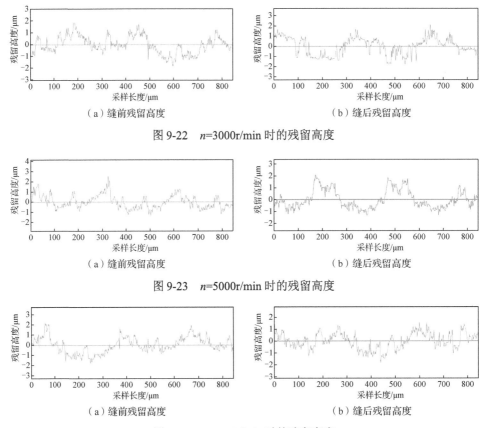

（a）缝前残留高度　　　　　　　　　　（b）缝后残留高度

图 9-22　n=3000r/min 时的残留高度

（a）缝前残留高度　　　　　　　　　　（b）缝后残留高度

图 9-23　n=5000r/min 时的残留高度

（a）缝前残留高度　　　　　　　　　　（b）缝后残留高度

图 9-24　n=6000r/min 时的残留高度

仿真与加工后样件拼接区的表面算术平均偏差 S_a 对比图如图 9-25 所示。

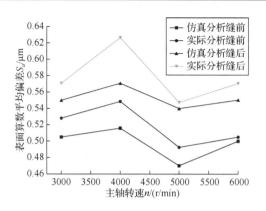

图 9-25　主轴转速变化时表面算术平均偏差

如图 9-25 所示，在主轴转速为 4000r/min 时，加工样件拼接区的缝前、缝后表面算术平均偏差高于其他工况，并且相同工况下，缝后值要明显高于缝前值。在上升至 6000r/min 过程中，表面算术平均偏差相对较小，与仿真趋势相同。产生这种变化的原因是在铣削过程中机床的振动与加工时的振动产生共振现象，同时随着主轴转速的增大，振动不断变化，出现单齿切削的现象。因此，在加工过程中，主轴转速设定较高时，可以通过减小每齿进给量以及轴向铣削深度的方式来提高加工表面质量。

9.3.3　轴向铣削深度变化时表面残留高度对比

在切削参数为 $n=4000$r/min、$f_z=0.15$mm，刀具半径 $R=5$mm，轴向铣削深度 a_p 依次为 0.1mm、0.2mm、0.4mm 情况下，提取拼接区域过渡部分的二维残留高度包络线，其结果如图 9-26～图 9-28 所示。

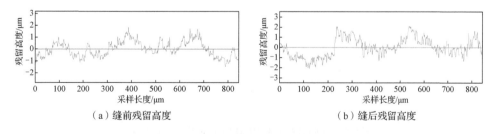

（a）缝前残留高度　　　　　　　　　　　（b）缝后残留高度

图 9-26　$a_p=0.1$mm 时的残留高度

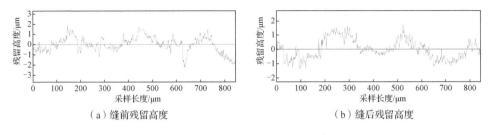

（a）缝前残留高度　　　　　　　　　　（b）缝后残留高度

图 9-27　a_p=0.2mm 时的残留高度

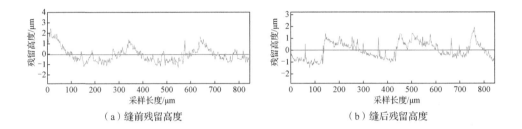

（a）缝前残留高度　　　　　　　　　　（b）缝后残留高度

图 9-28　a_p=0.4mm 时的残留高度

从图 9-29 中可以看出，随着轴向铣削深度的增大，表面算术平均偏差也呈现递增的态势，并且由于冲击振动的存在，缝后的表面算术平均偏差要大于缝前的表面算术平均偏差，与仿真模型的结果具有一致性。当轴向铣削深度为 0.4mm 时，刀具和工件之间的振动位移较大，特别是进给方向上振动严重，超出理论预期。

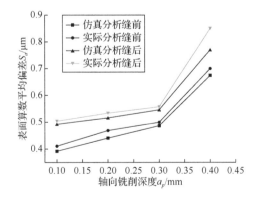

图 9-29　轴向铣削深度变化时表面算术平均偏差

9.3.4　表面形貌能量熵特征的提取

利用小波包相关理论[2]对实验工况的信号进行三层小波包分解，选用正交小波基 db3，对该层子频段的能量熵进行提取，结果如表 9-3 所示。

对通过仿真以及实验分析所得到的各节点的能量熵特征分布进行分析，选择出能量差异特征最为明显的一个节点（第 3 层第 8 个频段），对该节点的仿真分析以及实验数据分析所提取的能量熵特征值进行对比，可以得到在每齿进给量、主轴转速作为单一变量时，仿真数据能量熵特征值变化趋势一致，但在 n=4000r/min，f_z=0.15mm，刀具半径 R=5mm，轴向铣削深度为 a_p=0.4mm 时，仿真数据与实验采集数据所提取的能量熵特征差值较大，是因为刀具和工件之间的振动位移较大，因此在之后的反演过程中舍弃该组实验工况，舍弃后与第 8 章仿真得到的能量熵特征对比，验证仿真准确度达到 80%。

表 9-3　实验工况下能量熵特征

| 序号 | 主轴转速 n/(r/min) | 轴向铣削深度 a_p/mm | 进给量 f_z/mm | 频段能量熵特征 | | | | | | | | 铣削位置 |
				1	2	3	4	5	6	7	8	
A1	4000	0.2	0.15	506.2	20.273	1.301	6.838	0.165	0.402	0.987	0.698	缝前
	4000	0.2	0.15	698.823	16.811	1.734	7.823	0.161	0.276	0.891	0.5842	缝后
A2	4000	0.2	0.2	400.152	18.762	1.872	10.386	0.179	0.360	0.997	0.8186	缝前
	4000	0.2	0.2	834.213	17.646	2.352	8.952	0.180	0.326	0.825	0.5924	缝后
A3	4000	0.2	0.25	378.177	22.088	2.892	11.204	0.175	0.449	1.374	0.957	缝前
	4000	0.2	0.25	601.212	11.124	1.898	6.490	0.128	0.294	0.675	0.6375	缝后
B1	3000	0.2	0.15	425.693	15.608	1.647	8.238	0.097	0.374	0.812	0.6411	缝前
	3000	0.2	0.15	1243.915	22.854	3.806	13.837	0.140	0.405	1.312	1.0097	缝后
B2	5000	0.2	0.15	913.263	12.533	2.099	6.055	0.102	0.287	1.381	0.5781	缝前
	5000	0.2	0.15	524.562	28.284	2.198	9.073	0.137	0.486	0.833	0.6945	缝后
B3	6000	0.2	0.15	419.582	21.292	2.287	10.394	0.139	0.496	1.235	0.9106	缝前
	6000	0.2	0.15	523.888	14.621	2.120	6.919	0.145	0.319	0.864	0.7768	缝后

续表

序号	主轴转速 $n/(\text{r/min})$	轴向铣削深度 a_p/mm	进给量 f_z/mm	频段能量熵特征								铣削位置
				1	2	3	4	5	6	7	8	
C1	4000	0.1	0.15	1335.379	14.324	0.920	5.210	0.094	0.208	0.426	0.3187	缝前
	4000	0.1	0.15	865.117	29.107	2.890	8.875	0.230	0.465	1.420	0.9021	缝后
C2	4000	0.3	0.15	558.766	15.084	2.366	9.771	0.177	0.340	1.342	0.7396	缝前
	4000	0.3	0.15	366.532	21.055	2.231	9.922	0.146	0.428	0.904	1.0453	缝后
C3	5000	0.4	0.15	300.906	20.424	2.687	12.615	0.155	0.549	1.594	1.2292	缝前
	5000	0.4	0.15	506.218	20.273	1.301	6.838	0.165	0.402	0.987	0.698	缝后

9.4 切削加工表面形貌的反演研究

通过前文的仿真与实验数据的分析，如果在加工前合理选择切削参数，可以在保障加工效率的前提下得到较好的加工质量，因此以能量熵特征、刀具寿命以及去除率为目标函数的输入量，以铣削过程中的每齿进给量、主轴转速以及轴向铣削深度为输出量，并且对利用小波包分解的三层能量熵特征进行核主成分分析，获得影响加工质量最大频段的能量熵，最后利用种群遗传算法以及人工神经网络算法进行反演模型的搭建。

9.4.1 切削参数目标函数建模及数据库的搭建

在能量熵的表面形貌特征函数建立方面，通过前文原始图像数据信号处理所得到小波包能量熵的表面形貌特征可知，表面形貌特征主要与加工过程切削参数有关。为了覆盖更多的数据，选择不同工况下的表面形貌，在进给方向上平均拉取三条轮廓线，在行距方向上平均拉取三条轮廓线，对六条轮廓线信号进行三层能量熵的提取，并针对结果通过核主成分分析（kernel principal components analysis, KPCA）方法对第 3 层八个频段进行分析，如图 9-30 所示，得到主要影响频段为

第 8 个频段，为此基于小波包的拼接模具能量熵特征预测模型可以表示为

$$e_{3,7} = C \cdot f^{a_i} \cdot n^{a_i} \cdot a_p^{a_i} \tag{9-3}$$

式中，C 为校正系数，与刀具几何参数、工件材料及型面特征有关；a_i 为各切削参数的幂指数。

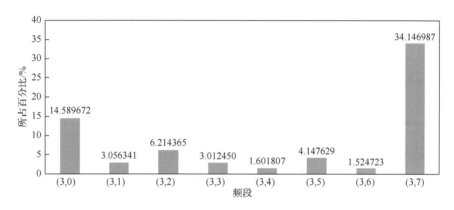

图 9-30　各频段能量熵表面形貌核主成分分析

为了提高模具加工过程中的工作效率，在有效保障加工表面质量的情况下，引入零件加工过程铣削材料去除率并将其作为目标函数。建立铣削材料去除率计算公式如下：

$$\mathrm{MRR} = N \cdot f_z^{b_1} \cdot n^{b_2} \cdot a_p^{b_3} \tag{9-4}$$

式中，MRR 是铣削材料去除率；N 为校正系数，与刀具几何参数、工件材料及型面特征有关；b_i 为各切削参数的幂指数。

在刀具寿命函数建模方面，为了保障所加工工件的形貌质量，根据金属切削原理，以 1/2 被吃刀量处，后刀面上测定的磨损带宽度为 0.2mm 作为刀具磨钝的标准。刀具寿命预测模型可定义为

$$T = \frac{Q}{f_z^{c_i} \cdot n^{c_i} \cdot a_p^{c_i}} \tag{9-5}$$

式中，Q 为校正系数，与刀具几何参数、工件材料及型面特征有关；c_i 为各切削参数的幂指数。

对上述目标函数进行去对数处理，并对幂指数进行求解。

能量熵特征函数为

$$e_{3,7} = 4.5838 \cdot f_z^{0.9} \cdot n^{0.1} \cdot a_p^{0.1} \tag{9-6}$$

刀具寿命函数为

$$T = \frac{17761}{f_z^{0.2} \cdot n^{0.6} \cdot a_p^{0.083}} \tag{9-7}$$

铣削材料去除率为

$$\mathrm{MRR} = 0.1278 \cdot n \cdot f_z \cdot a_p \tag{9-8}$$

每齿进给量、主轴转速、轴向铣削深度约束条件为

$$\begin{cases} 0.1\mathrm{mm} \leqslant f_z \leqslant 0.3\mathrm{mm} \\ 3000\mathrm{r/min} \leqslant n \leqslant 6000\mathrm{r/min} \\ 0.1\mathrm{mm} \leqslant a_p \leqslant 0.4\mathrm{mm} \end{cases} \tag{9-9}$$

为了提高反演的准确性，结合实验所得到的数据对反演所需数据库进行搭建，通过选定三个切削参数优化目标函数能量较低的小波包能量熵特征(3, 7)、刀具寿命以及加工效率对切削参数进行反演研究。为了增加数据的可靠性，对所设计的模型进行训练，建立数据库。为了提高研究效率、减少实验成本，通过对不同工况下实验加工样件小波包能量熵特征(3, 7)、加工过程中的刀具寿命以及铣削材料去除率进行采集。对切削参数因素（主轴转速、每齿进给量、轴向铣削深度）进行三水平正交实验。缝前、缝后正交实验及结果如表 9-4 及表 9-5 所示。

表 9-4　缝前正交实验及结果

序号	主轴转速 n/(r/min)	轴向铣削深度 a_p/mm	每齿进给量 f_z/mm	频段能量熵特征 (3,7)	刀具寿命/min	去除率 /(mm³/min)
1	4000	0.3	0.25	0.88	130.23	22.06
2	4000	0.3	0.25	0.75	201.05	29.32

续表

序号	主轴转速 n/(r/min)	轴向铣削深度 a_p/mm	每齿进给量 f_z/mm	频段能量熵特征 (3,7)	刀具寿命/min	去除率 /(mm³/min)
3	4000	0.3	0.2	0.78	130.23	29.32
4	4000	0.3	0.2	0.75	160.19	22.06
5	4000	0.3	0.2	0.88	201.05	37.86
6	4000	0.3	0.15	0.75	130.23	37.86
7	4000	0.3	0.15	0.78	201.05	22.06
8	4000	0.3	0.25	0.78	160.19	37.86
9	4000	0.3	0.15	0.88	160.19	29.32
10	6000	0.3	0.15	0.66	203.42	27.06
11	3000	0.3	0.15	0.64	203.42	16.15
12	5000	0.3	0.15	0.64	129.58	27.06
13	6000	0.3	0.15	0.64	142.61	33.56
14	5000	0.3	0.15	0.66	142.61	16.15
15	5000	0.3	0.15	0.61	203.42	33.56
16	3000	0.3	0.15	0.66	129.58	33.56
17	6000	0.3	0.15	0.61	129.58	16.15
18	3000	0.3	0.15	0.61	142.61	27.06
19	4000	0.2	0.15	0.28	198.21	7.94
20	4000	0.4	0.15	0.28	300.57	29.63
21	4000	0.4	0.15	0.62	211.72	7.94
22	4000	0.1	0.15	0.7	300.57	7.94
23	4000	0.2	0.15	0.7	211.72	29.63
24	4000	0.2	0.15	0.62	300.57	14.63
25	4000	0.4	0.15	0.7	198.21	14.63
26	4000	0.1	0.15	0.28	211.72	14.63
27	4000	0.1	0.15	0.62	198.21	29.63

表 9-5 缝后正交实验及结果

序号	主轴转速 n/(r/min)	轴向铣削深度 a_p/mm	每齿进给量 f_z/(mm/min)	频段能量熵特征 (3.7)	刀具寿命/min	去除率 /(mm³/min)
1	4000	0.3	0.15	0.54	160.12	30.22
2	4000	0.3	0.2	1.69	126.33	30.22
3	4000	0.3	0.15	1.34	126.33	38
4	4000	0.3	0.25	1.34	197.87	30.22
5	4000	0.3	0.25	1.69	160.12	38
6	4000	0.3	0.25	0.54	126.33	23.01
7	4000	0.3	0.15	1.69	197.87	23.01
8	4000	0.3	0.2	0.54	197.87	38
9	4000	0.3	0.2	1.34	160.12	23.01
10	6000	0.3	0.15	1.14	191.18	27.83
11	5000	0.3	0.15	0.79	141.93	27.83
12	3000	0.3	0.15	1.14	141.93	36.52
13	3000	0.3	0.15	0.53	128.66	27.83
14	5000	0.3	0.15	1.14	128.66	16.96
15	6000	0.3	0.15	0.53	141.93	16.96
16	3000	0.3	0.15	0.79	191.18	16.96
17	5000	0.3	0.15	0.53	191.18	36.52
18	6000	0.3	0.15	0.79	128.66	36.52
19	4000	0.4	0.15	0.72	189.92	14.89
20	4000	0.2	0.15	0.72	168.44	30.51
21	4000	0.2	0.15	0.7	296.86	14.89
22	4000	0.1	0.15	0.72	296.86	8.21
23	4000	0.4	0.15	0.98	296.86	30.51
24	4000	0.1	0.15	0.7	189.92	30.51
25	4000	0.1	0.15	0.98	168.44	14.89
26	4000	0.4	0.15	0.7	168.44	8.21
27	4000	0.2	0.15	0.98	189.92	8.21

9.4.2　基于 MPGA-ANN 的切削参数反演算法

（1）以目标函数（能量熵特征函数、刀具寿命函数、铣削材料去除率函数）为输入，产生初始化种群，基于神经网络算法得到各种群的适应度值。

（2）通过对种群内部以及种群间的选择、交叉、变异等操作，保留迭代过程中的某些适应度高的个体，不断生成新一代的优质种群，迭代至满足要求的适应度最优的状态。

（3）基于输出函数的约束条件，对满足适应度的种群进行筛选，选取出满足约束条件的每齿进给量、主轴转速及轴向铣削深度的一组最优值。

反演算法流程图如图 9-31 所示。

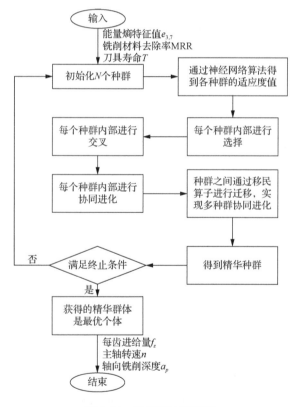

图 9-31　反演算法流程图

算法中设置种群数为 500，进行 800 次迭代，迭代选择过程中变异率为 0.08，交叉率为 0.9，目标函数的迭代曲线如图 9-32 所示。

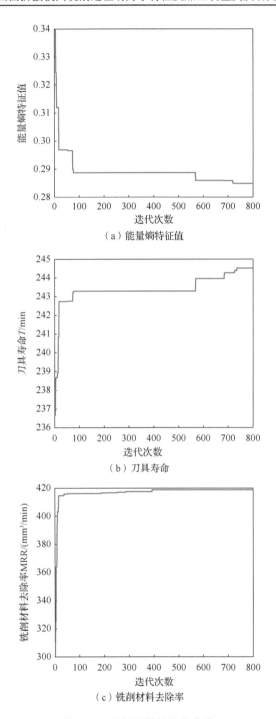

（a）能量熵特征值

（b）刀具寿命

（c）铣削材料去除率

图 9-32　目标函数的迭代曲线

由图 9-32 可知，能量熵特征值、刀具寿命以及铣削材料去除率分别在迭代至 725 代、744 代、405 代后趋于稳定。然后进行帕累托前沿图分析，对反演的可行性进行验证。如图 9-33 所示，帕累托前沿图分布呈现多形态的特点并且整体具有较高的均匀性，能够证明该方法的可行性。

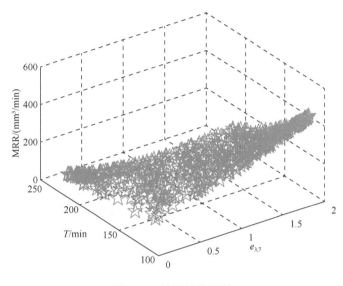

图 9-33 帕累托前沿图

9.4.3 反演结果分析

根据实验数据库进行正交实验所得的能量熵特征值、铣削材料去除率以及刀具寿命为输入量，以主轴转速、轴向铣削深度及每齿进给量为输出量，针对不同工况下缝前缝后的铣削数据，结合种群遗传算法及人工神经网络算法进行训练，进而获得切削参数反演模型。选取表 9-4 及表 9-5 数据用于验证反演模型的正确性，所得结果与以粗糙度为目标函数的计算结果进行比较，结果如表 9-6 及表 9-7 所示。

结果显示，在铣削加工拼接区的主轴转速反演的准确率在 75% 左右，其中拼接缝前铣削加工反演的每齿进给量、主轴转速、轴向铣削深度反演准确率为

75.4%、80.4%、84%，拼接缝后铣削加工反演的每齿进给量、主轴转速、轴向铣削深度反演准确率为 78.8%、73.4%、81%。拼接缝前反演结果准确是因为铣刀在过拼接缝前不存在瞬时冲击力，铣刀在过拼接缝后，瞬时冲击力对采集的数据造成影响，导致模型中幂指数的误差较大，造成拼接缝后反演结果不如拼接缝前反演结果准确。

表 9-6　拼接缝前反演结果对比

目标函数		输入参数			输出参数			准确率/%		
		$e_{3,7}$	T/min	MRR/ (mm³/min)	f_z/mm	n/(r/min)	a_p/mm	f_z	n	a_p
能量熵特征	A1	0.777	201.046	22.064	0.2132	3056.1	0.2632	70.36	76.40	87.73
	A2	0.882	160.192	29.324	0.3126	3736.7	0.3125	63.98	93.42	96.00
	A3	0.747	130.229	37.856	0.3012	5550.4	0.2720	83.00	72.07	90.67
	B1	0.637	203.415	16.152	0.1642	2858.1	0.2322	91.35	95.27	77.40
	B2	0.609	142.613	27.060	0.2012	6446.8	0.3920	74.55	77.56	76.53
	B3	0.657	129.577	33.560	0.1759	6908.1	0.2401	85.28	86.85	80.03
	C1	0.702	300.565	7.940	0.1926	3536.8	0.0789	77.88	88.42	78.90
	C2	0.617	211.718	14.630	0.2306	2630.9	0.1620	65.05	65.77	81.00
	C3	0.283	198.211	29.632	0.2239	2711.8	0.3526	66.99	67.80	88.15
粗糙度	A1	2.05	201.046	22.064	0.2146	2840.0	0.2618	69.89	71.00	87.30
	A2	4.22	160.192	29.324	0.3194	3704.5	0.3193	62.61	92.61	93.90
	A3	6.03	130.229	37.856	0.3162	5711.3	0.2570	79.06	70.04	85.70
	B1	1.99	203.415	16.152	0.2235	2821.3	0.2150	89.47	94.04	71.70
	B2	2.67	142.613	27.060	0.1436	6540.8	0.4072	71.80	76.44	73.70
	B3	5.06	129.577	33.560	0.1666	7115.1	0.2308	90.02	84.33	76.90
	C1	2.06	300.565	7.940	0.2044	3289.4	0.0671	73.38	82.24	67.10
	C2	4.37	211.718	14.630	0.2221	2392.8	0.1535	67.54	59.82	76.70
	C3	6.02	198.211	29.632	0.7829	2482.2	0.3436	19.16	62.05	85.90

表 9-7　拼接缝后反演结果对比

目标函数		输入参数			输出参数			准确率/%		
		$e_{3,7}$	T/min	MRR/ $(\mathrm{mm}^3/\mathrm{min})$	f_z/mm	n/(r/min)	a_p/mm	f_z	n	a_p
能量熵特征	A1	1.689	197.871	23.006	0.1960	3535.6	0.1981	76.5	88.4	66.0
	A2	0.542	160.120	30.224	0.2067	5349.8	0.2142	96.8	74.8	71.4
	A3	1.335	126.326	37.996	0.2491	7813.4	0.2652	99.6	51.2	88.4
	B1	0.786	191.180	16.964	0.2145	3657.8	0.2321	69.9	82.0	77.4
	B2	1.138	141.925	27.830	0.2339	6655.9	0.2721	64.1	75.1	90.7
	B3	0.533	128.655	36.520	0.2034	7944.4	0.3204	73.7	75.5	93.6
	C1	0.722	296.856	8.210	0.1763	1842.2	0.1134	85.1	46.1	88.2
	C2	0.920	168.438	14.890	0.1983	5488.6	0.1634	75.6	72.9	81.7
	C3	0.703	189.923	30.514	0.2208	3784.7	0.2863	67.9	94.6	71.6
粗糙度	A1	2.66	197.871	23.006	0.1974	3319.5	0.1967	76.0	82.99	65.6
	A2	5.20	160.120	30.224	0.2135	5317.6	0.2074	93.7	75.22	69.1
	A3	6.17	126.326	37.996	0.2341	7974.3	0.2502	93.6	50.16	83.4
	B1	2.91	191.180	16.964	0.2317	3621.0	0.2149	64.7	82.85	71.6
	B2	3.22	141.925	27.830	0.2491	6749.9	0.2569	60.2	74.08	85.6
	B3	5.41	128.655	36.520	0.2127	8151.4	0.3297	70.5	73.61	91.0
	C1	3.12	296.856	8.210	0.1881	1594.8	0.1252	79.7	39.87	79.9
	C2	5.30	168.438	14.890	0.2068	5250.5	0.1549	72.5	76.18	77.4
	C3	6.27	189.923	30.514	0.2298	3555.1	0.2773	65.3	88.88	69.3

9.5　本章小结

（1）通过 VHX-1000 超景深显微镜对上坡（从低硬度向高硬度）及下坡（从高硬度向低硬度）加工路径进行观测对比，发现上坡的铣削加工表面形貌质量要好于下坡时表面形貌质量。

（2）对模具样件表面残留高度进行提取，引入表面算术平均偏差（S_a），将其变化规律与仿真所得的表面形貌变化规律进行对比，检验了表面形貌仿真模型的准确性，可以对拼接区的表面形貌进行预测。

（3）对实验数据的能量熵特征进行提取，与第 8 章中对仿真形貌所提取的能量熵进行最大差值对比，验证了其一致性，又检验了表面形貌仿真模型的准确性。

（4）取正交实验后的切削参数为样本数据，以刀具寿命、铣削材料去除率及能量熵特征为输入量，以主轴转速、轴向铣削深度及每齿进给量为输出量，利用 MPGA-ANN 算法进行切削加工的参数反演，结果表明切削参数反演的准确率能够达到 80%。基于反演分析方法得到的切削参数可以为实现拼接区微观几何形貌的可控奠定基础。

参 考 文 献

[1] 吴石, 赵洪伟, 李鑫. 覆盖件模具拼接区表面微观几何形貌的反演分析[J]. 中国机械工程, 2021, 32(7): 806-814.

[2] 任志英, 高诚辉. 小波变换在粗糙表面几何形貌表征中的应用[J]. 中国工程机械学报, 2013, 11(1): 78-82.